"十三五"江苏省高等学校重点教材

编号：2016-1-127

Mathematics

数学教学论导引

SHUXUE JIAOXUELUN DAOYIN

第二版

◎ 刘耀斌 编著

南京大学出版社

图书在版编目（CIP）数据

数学教学论导引 / 刘耀斌编著. —2 版. —南京：
南京大学出版社,2018.11
　　ISBN 978 - 7 - 305 - 21211 - 6

　　Ⅰ. ①数… Ⅱ. ①刘… Ⅲ. ①中学数学课—教学研究
Ⅳ. ①G633.602

　　中国版本图书馆 CIP 数据核字(2018)第 260058 号

出版发行　南京大学出版社
社　　址　南京市汉口路 22 号　　　　邮　编 210093
出 版 人　金鑫荣
书　　名　**数学教学论导引**
编　　著　刘耀斌
责任编辑　贾　辉 吴　汀　　　　　编辑热线　025 - 83686531

照　　排　南京紫藤制版印务中心
印　　刷　南京人民印刷厂有限责任公司
开　　本　787×960　1/16　印张 13.75　字数 256 千
版　　次　2018 年 11 月第 2 版　2018 年 11 月第 1 次印刷
ISBN　978 - 7 - 305 - 21211 - 6
定　　价　35.00 元

网　　址　http://www.njupco.com
官方微博　http://weibo.com/njupco
官方微信　njupress
销售咨询　(025)83594756

第二版前言

《数学教学论导引》(第一版)是在新一轮基础教育课程改革背景下和实际教学需要情况下编写的。出版后,教育部于2011年12月颁布了《义务教育数学课程标准(2011年版)》,是对2001年公布并付诸实施的《全日制义务教育数学课程标准(实验稿)》的修订,新修订的《义务教育数学课程标准(2011年版)》在体例与结构、前言、课程目标、内容标准、实施建议等方面都有大的修改。突出对学生创新意识的培养,提出"四基、四能"等目标,给出数学十个核心概念。在注重直接经验、自主探究的同时,也关注间接经验、教师的作用,同时关注直观与抽象的统整,演绎与归纳的结合。《数学教学论导引》修订后将体现新修订的《义务教育数学课程标准(2011年版)》的精神,并注意与《普通高中数学课程标准(2017版)》呼应,重视渗透数学核心素养培养的理念。另外,教育部从2015级师范生起,施行教师资格证统一考试,《数学教学论导引》(修订)将保持与教育部教师资格证统一考试大纲要求的一致性。《数学教学论导引》(修订)进一步渗透数学教学首先是数学的理念,强调数学教学一方面要把握数学本质,另一方面要接受教育理论的指导。

《数学教学论导引》(第一版)出版已有近六年的时间,基础教育研究成果层出不穷,修订时尽量吸收与教材主题相关的内容,同时纳入编者本人近年来教学科研新思考。

《数学教学论导引》(修订)在每章后配备适量思考题,既是对本章重点内容的总结,也是促进师范生消化思考、技能训练的一个途径。

再次重申,书中引用了许多研究者的研究成果,其中能确切指出材料和观点的,均以适当方式说明,有些材料系辗转引用,受条件所限一时无法深入考证与查实。在此,对书中所引用材料的作者再次致以最深深的谢意。

感谢戴风明教授的进一步指导,感谢王双副教授(博士)参与修订工作。

编　者

目　　录

认识"数学教学论"

数学是一门给人以智慧的科学,数学教学是一种充满魅力的艺术。伟大的德国数学家希尔伯特的学生外尔曾经这样评价希尔伯特,"希尔伯特这位吹笛人所吹的甜蜜的芦笛声,诱惑着许多老鼠投入数学的深河"。希尔伯特讲课的内容"不仅是数学,还有希尔伯特对科学的信念以及对理性和科学的热爱"。这样的境界多么令人憧憬!

随着人类教育现象的出现,逐步就有了学校教育,自然就会出现教学方法的问题。开始时,教学方法并没有形成独立的科学体系,人们只是摸索、积累自己的经验和零散地学习别人的有关经验。如孔子的教育思想就属此类。师范教育出现后,为了有效地提高教授水平,逐步出现了"教授法"、"教学法"、"教材教法"。以我国来说,1904年清政府在《奏定优级师范学堂章程》中明确规定了师范生在校期间必须学习"教育学",其中包括各科"教授法",1917年以后,将"教授法"改称为"教学法"。1939年国民政府教育部颁布的《师范学院分系必修及选修科目表施行要点》又把这个学科的名称定为"分科教材及教法研究"。这期间,我国高等师范院校里就出现了"数学教材教法"的课程。新中国成立后,中央人民政府教育部在1950年颁布的《北京师范大学暂行规程》中明确规定了中学教材教法为公共必修课程。1957年,教育部在修订教材教法课的内容时,规定这门课程的内容为:了解中小学教材内容和编写原则,熟悉基本的教学方法,对使用教材过程的经验和问题进行研究。此后,我国各地师范院校大专科的数学专业就设立了"中学数学教法"或"中学数学教材教法"等课程。

"文革"期间,学科教材教法受到了冲击。"文革"后,特别是进入20世纪80年代以来,我国在学科教学的改革上取得了显著的成绩,积累了许多有益的经验,还十分注意吸收外国的先进经验。国家教育领导部门也十分重视学科教育学的发展,原国家教委副主任柳斌同志在1988年就说过,"我们不但要建立自己的教育学,还要建立自己的学科教育学,这方面的工作是大量的,有广阔的天地,大有可为。如果要讲学术性,我们师范教育的学术性的特色就在这里……"

随着社会的进步,科学技术的发展,特别是出现了社会数学化的趋势,从幼儿教育到高等教育,从学校教育到社会教育,数学教育都占有相当重要的地位,并已经成为整个教育的一个重要组成部分。过去的数学教学法或教材教法已经不能充分地承担数学教育的重担,因而提出了创建数学教育学的问题。这是社会发展和科学进步的必然。

自1982年我国数学教育界提出创建具有中国特色的数学教育学以来,广大数学教育工作者在数学教学理论和实践等方面进行了深入细致的研究,并取得了丰硕的成果。目前,我国对数学教育学的研究日臻成熟,已进入了理论建构的新阶段,呈现出一派欣欣向荣的景象。

随着现代教学论和数学学科的发展,以及数学教育学理论的建立,师范院校曾经开设的数学教材教法课程,已逐步演变为数学教育学。传统的教材教法课注重教学经验的总结与归纳,注重教学技能的传授与获取,而数学教育学则是一门研究数学教育现象,揭示数学教育规律的学科,是建立在数学和教育学的基础上,并综合运用心理学、认知科学、逻辑学等成果于数学教育实践而形成的一门文理渗透型的交叉学科,是教育科学的重要组成部分。数学教学论又是数学教育学的一个分支,它旨在研究传授数学知识的一般规律,并为指导和改进数学教学实践提供科学的理论依据。

数学科学、教育科学、认知科学、心理科学所取得的重大成就和进展,为数学教学论的教学提供了新的理论基础和新的方法论,广大数学教师多年积累的教学经验为数学教学论研究提供了丰富的素材。因此,在教学中,要力求做到精益求精、求新务实,尽量反映我国数学教学多年来的成功经验,反映现代教学理论研究的新成果,以及国际数学教育中涌现的新思想、新观点和新方法。

那么,师范生为什么要学习和研究"数学教学论"? 根据以往数学教学法课程教学的经验,师范生往往不够重视,存在"一听就懂,一看就会,一做就难"的现象。这里有必要首先和同学们说一说学习必要性的问题。一个合格的师范生乃至将来成为优秀的中学数学教师,必须至少具备三个条件:① 具有坚实的数学理论基础,能在高观点下研究和处理中学数学问题。② 掌握基本的数学教育理论,能在正确的数学教育理论指导下,进行数学教学研究与实践。③ 形成娴熟的数学教学技能,能将板书、语言、多媒体、教具等有机结合起来,提高课堂教学效率。

师范生在校期间必须掌握必备的数学专业知识、基本的数学教育理论和规律,学会备课、上课、辅导和批改作业等教学基本功,了解中学数学教改形势,把握最新数学教改动态等。有人说中学数学内容我了如指掌,又学了那么多的高等数学,教初中、高中数学还不是易如反掌,学不学教学法无所谓;甚至还能列举一些没有经过师范教育培训而成为优秀教师的例子。这种想法是否正确,一个合格的师范生乃至将来成为优秀的中学数学教师,必须至少具备哪些条件,探讨以下几个实际问题后,大家可以自己去寻找答案。

问题1 算术与代数的区别与联系。

我们所面对的"代数"课本,不是简单知识的罗列,它是千年当中若干代数学家辛勤探索的知识宝库,它是活泼、生动、不断发展的数学思想的辉煌展示。曾经在中学数学教师培训班上和老师们讨论这个问题:小学里的方程与初中里的方程有什么区别与联系?几乎所有老师不能全面而准确地回答。这个问题看似简单,其实很重要,不能理解这个问题,就不能处理好小学数学和初中数学教学衔接问题,就不能很好地完成各自的教学目标,小学里容易造成"拔苗助长",中学里容易造成"囫囵吞枣"。事实上,这个问题实质是在问算术与代数的区别与联系问题?事实上就是要回答:

(1)算术与代数的根本区别在哪里?

(2)字母代数思想有什么优越性?

众所周知,用字母表示数是代数学的基本思想。算术与代数是数学中最基础、最古老的两个分支学科,算术是代数的基础,代数则是由算术演进而来的,正是由于字母代数这种数学思想的产生,促进了算术向代数的演进。由字母代替数字,或由"数字符号化"而产生了"代数"这个数学分支学科,但人类从"算术"走向"代数"却历经千年(现在中学却在几年的时间就学习了初等代数的全部内容),代数的产生是"数学中真正的进展","代数"的确是"更有力的工具和更简单的方法"。因此,我们所面对的"代数"课本,不是简单的知识罗列,它是千年来一代又一代数学家辛勤探索的知识结晶,它是活泼、生动、不断发展的数学思想的辉煌展示。

这个问题的根本区别就在于算术把未知数排斥在运算之外,而代数则允许未知数作为运算对象参与运算。如果说算术也论及未知数的话,那么这个未知数只能单独地处在等式的左边,所有已知数在等式右边进行运算,未知数没有参与运算的权利。因此,算术方法有很大的局限性,对于那些大量的具有复杂数量关系的实际问题,运用算术方法往往需要很强的技巧,列算式也不那么容易。而对于那些含有多个未知数的实际问题,要利用算术方法解决实际问题常常是不可行的。

在代数中,方程作为由已知数与未知数构成的条件等式,本身就意味着未知数与已知数有着同等的地位,未知数不仅成为运算的对象,而且可以依照法则从等式一边移到另一边。解方程的过程,实际上是通过已知数与未知数的重新组合,把未知数转化为已知数的过程,即把未知数置于等式的一边,把已知数置于等式的另一边,从这种意义上看,算术运算是代数运算的特殊情况,代数运算是算术运算的发展和推广。

由于引入了字母代数思想,代数运算较之算术运算有了更大的普遍性和灵活性,极大地扩展了数学的应用范围。许多用算术无法解决的问题,用代数方法却能轻而易举地解决。

不仅如此,字母代数的思想的出现对整个数学的发展也产生了巨大而深远的影响,数学中的许多重大发现都与字母代数思想有关。如解一元二次方程的根的问题导致了虚数的发现,对五次以上方程的求解导致了群论的诞生。正因为如此,人们把字母代数思想的诞生作为数学思想方法发生重大转折的重要标志。

一般说来,字母代数思想有巨大的优越性:

(1)用字母表示数能够简明地表示事物的本质特征和规律。

(2)用字母表示数具有辩证性。字母表示数既具有任意性,可代表任一个数;同时字母表示数又具有确定性,可表示一个确定的具体的数。

就数学教学而言,"由算术到代数的过渡"是中学数学教学的重大难关之一,教学中不仅要教课本上列举出来的知识,更要教渗透在其中的数学思想方法,使学生深刻领会字母代数思想,灵活运用字母代数的方法。否则,学生始终会对 $|a|=\pm a$ 模糊不清,也不能接受 $S=ab$ 是运算结果。

以上问题的讨论充分说明,我们只有基础扎实,才能深刻理解与吃透教材,才能居高临下,把握数学的本质。

问题 2　关于逆运算。

关于有理数的四则运算之间的关系,有一学习资料中是这样表述的,"加法与减法互为逆运算,乘法与除法互为逆运算。"而另一教材中是这样表述的,"小学学过的方法是根据加减法互为逆运算、乘除法互为逆运算的关系来解的。"但普及义务教育以前的初中课本《代数》第一册中只写了"有理数减法是有理数加法的逆运算,有理数除法是有理数乘法的逆运算"。

究竟什么叫做逆运算?为什么减法是加法的逆运算,除法是乘法逆运算?课本为什么不写"加法是减法的逆运算"、"乘法是除法的逆运算"?

为了回答这些问题,必须弄清数的"运算"和"逆运算"的数学定义。

数的运算,通常总是在给定的数集上定义的。

定义Ⅰ　设 A 是一个给定的数集,而 $*$ 是一个给定的法则,如果根据法则 $*$,对于从集 A 中按顺序取出来的任何两个数 a 与 b,都能得到集 A 中的一个数 c,即有 $a*b=c$,那么法则 $*$ 就叫做集 A 的一种运算。

显然，按照数的"运算"的定义，普通的加法"＋"和减法"－"，都是有理数集 $\mathbb{Q}$ 的一种运算；普通的乘法"×"和除法"÷"，都是非零有理数集 $\mathbb{Q}'$（即由一切不为零的有理数所组成的集合）的一种运算。

那么，什么叫做逆运算呢？

定义Ⅱ 设 $*$ 是数集 A 的一种运算，如果对于从集 A 中按顺序取出来的任何两个数 a 与 c，在集 A 中总存在这样一个数 x，它能同时满足

$$x * a = c \tag{1}$$
$$和 \quad a * x = c \tag{2}$$

并且，这个数 x 可以根据集 A 的另一种运算 $\odot$ 由 c 与 a 得到，即有

$$c \odot a = x \tag{3}$$

那么，运算 $\odot$ 就叫做运算 $*$ 的逆运算。

特别的，如果由(3)可以得到满足(1)的数 x，那么运算 $\odot$ 就叫做运算 $*$ 的右逆运算；如果由(3)可以得到满足(2)的数 x，那么运算 $\odot$ 就叫做运算 $*$ 的左逆运算。

现在我们来分析有理数的四则运算之间的关系。

如前所述，加法"＋"是有理数集 $\mathbb{Q}$ 的一种运算。对于从集 $\mathbb{Q}$ 中按顺序取出来的任何两个数 a 与 c，在集 $\mathbb{Q}$ 中显然存在这样一个数 x，它能同时满足

$$x + a = c \quad 和 \quad a + x = c$$

并且，这个数 x 可以根据集 $\mathbb{Q}$ 的另一种运算——减法"－"由 c 与 a 得到，即有

$$c - a = x$$

因此，根据上述"逆运算"的定义，减法"－"是加法"＋"的逆运算。

但是，不能说"加法是减法的逆运算"，这是因为，对于从集 $\mathbb{Q}$ 中按顺序取出来的任何两个数 a 与 c，在集 $\mathbb{Q}$ 中一般不存在这样一个数 x，它能同时满足

$$x - a = c \tag{1'}$$
$$和 \quad a - x = c \tag{2'}$$

例如，不存在这样的有理数 x，它能同时满足

$$x - 1 = 3 \quad 和 \quad 1 - x = 3.$$

因此，根据上述"逆运算"的定义，减法"－"没有逆运算，当然就不能说"加法是减法的逆运算"了。

不过，在集 $\mathbb{Q}$ 中只满足(1')的数 x 是存在的，并且这个数 x 可以根据加法"＋"由 c 与 a 得到，即有 $c + a = x$，因此我们可以说"加法是减法的右逆运算"。在集 $\mathbb{Q}$ 中，只满足(2')的数 x 也是存在的，但这个数 x 不能根据加法"＋"由 c

与 a 得到,即 $c+a\neq x$,因此我们不能说"加法是减法的左逆运算"。

再看乘法"$\times$",它是非零有理数集$\mathbb{Q}'$的一种运算。对于从集$\mathbb{Q}'$中按顺序取出来的任何两个数 a 与 c,在集$\mathbb{Q}'$中显然存在这样一个数 x,它能同时满足

$$x\times a=c \text{ 和 } a\times x=c$$

并且,这个数 x 可以根据集$\mathbb{Q}'$的另一种运算——除法"$\div$"由 c 与 a 得到,即有

$$c\div a=x$$

因此,根据上述"逆运算"的定义,除法"$\div$"是乘法"$\times$"的逆运算。

但是同样的,不能说"乘法是除法的逆运算"。这是因为:对于从集$\mathbb{Q}'$中按顺序取出来的任何两个数 a 与 c,在集$\mathbb{Q}'$中一般不存在这样一个数 x,它能同时满足

$$x\div a=c \tag{$1''$}$$
$$\text{和 } a\div x=c \tag{$2''$}$$

例如,不存在这样的有理数 x,它能同时满足

$$x\div 2=3 \text{ 和 } 2\div x=3$$

因此,根据上述"逆运算"的定义,除法"$\div$"没有逆运算,当然就不能说"乘法是除法的逆运算"了。

不过,在集$\mathbb{Q}'$中,只满足($1''$)的数 x 是存在的,并且这个数 x 可以根据乘法"$\times$"由 c 与 a 得到,即有 $c\times a=x$,因此我们可以说"乘法是除法的右逆运算"。在集$\mathbb{Q}'$中,只满足($2''$)的数 x 也是存在的,但这个数 x 不能根据乘法"$\times$"由 c 与 a 得到,即 $c\times a\neq x$,因此我们不能说"乘法是除法的左逆运算"。

由以上分析可知,九年制义务教育教材《代数·第一册》(上)和《初中代数疑难解析》关于数的逆运算的表述是不恰当的,对此教师必须有判别力。

问题3 为什么要把"0"作为自然数?

数"0"目前已经明确地作为一个自然数。为什么?有很多的解释,大部分的解释是把这看作一个"规定",就是说可以把"$0,1,2,\cdots,n,\cdots$"作为自然数,也可以把"$1,2,\cdots,n,\cdots$"作为自然数。显然,这样的"解释"对数学教师来说是不够的,在这儿谈谈我们的理解,供同学们参考。

首先,应该从自然数的功能说起,自然数是人类最早来描述周围世界"数量关系"的概念,几乎从一开始就具有三个基本功能:一是帮助人类刻画某一类"东西"的多少,用现代的数学语言来说就是描述一个有限集合的基数(性质)。二是刻画一类"事物"的顺序,"第一","第二",……,用现代的数学语言来说,就是描述一个有限集合中元素的"顺序"性质。这就是说,自然数既具有用来描述

集合(有限)元素多少的基数性质,又具有描述集合元素顺序的序数性质。或者可以进一步说,自然数既是基数,又是序数。三是"运算功能"。自然数可以做加法运算和乘法运算。在此基础上,随着对运算的深入研究使得我们一步一步地建立起了有理数、实数和它们的运算。

我们知道"空集"是集合中一种最主要、最基本的集合,也是我们在描述周围现象中经常用到的集合,在数学研究中更是如此。例如,所有不能表示为两个素数之和的偶数集合是空集吗?这就是著名的哥德巴赫猜想。一般地说,集合常常被分为有限集合和无限集合两类。有限集合是含有有限元素的集合,像学校中人的集合、学校中男生的集合、学校中女生的集合、学校中老师的集合和学生的集合、某个一元二次方程解的集合等都是有限集合;无限集合是含有的元素不是有限的集合,像自然数集合、有理数集合、实数集合、复数集合等都是无限集合。把"空集"作为一个有限集是很自然的,并且我们很容易理解应该用"0"来描述"空集"中含有元素的多少。

有了前面这些说明,我们就容易理解这样一个事实:如果把"0"作为一个自然数,那么"所有自然数"就可以完整地完成刻画"有限集合元素多少"的"任务"了,而没有"0"的"所有自然数"总是有"缺陷"的,因为没有自然数可以表示"空集"所含元素的多少。这样,我们从"自然数的一种基本功能"方面说明了把"0"作为自然数的好处。

我们还必须说明另一个问题:把"0"作为自然数,是否会影响自然数的"序数功能"和"运算功能"?回答是否定的。不仅不会,而且还会使"自然数"的这两个功能更加"完整"。先看原来没有"0"的自然数,我们都知道不同自然数有大小之分,8大于5,1 000大于999,按这样的大小,所有自然数构成了一个"有顺序"的集合。即若自然数 $n_1 > n_2, n_2 > n_3$,则自然数 $n_1 > n_3$,我们称之为"传递性"。另外,对于任何两个自然数 n_1 和 n_2,或者 $n_1 > n_2$,或者 $n_2 > n_1$,或者 $n_1 = n_2$,即"三歧性",一般地说,我们把具有传递性和三歧性的集合称之为线性序集。在这里我们不想用非常规范的集合论语言叙述这些性质,这样会增加阅读上的困难,希望对这部分内容有进一步了解的读者可以选读任何一本关于"集合论"的著作,我们很容易理解有理数集、实数集都是线性序集(按照通常的顺序),即若有理数(实数)r_1 大于有理数(实数)r_2,而 r_2 大于有理数(实数)r_3,则 r_1 大于 r_3(传递性);另外,对任意两个有理数(实数)r_1 和 r_2,则或 $r_1 > r_2$,或 $r_2 > r_1$,或 $r_1 = r_2$(三歧性)。自然数在"顺序"方面的性质,除了上述性质之外,还有一种它所具有的特殊的性质。在陈述这一基本性质之前,有必要说明一点,如前面所述,"自然数"具有三种基本功能,或说三种基本性质，我们在有些时候要说明这些性质之间的联系，但有时候常常单独地讨论一种"功能"的性质，在这种情况下，要学会"排除"其他"功能"的干扰，这样才能较好地理解"一种功能"的"本质"，"自然数反映性质的性质"中最基本的性质是"自然数集合的任何一个非空的子集合中，一定有最小的数"。在不包含 0 的自然数集合中。例如，"所有偶数的集合"中 2 是最小的；在"既可被 5 整除又可被 7 整除的自然数集合"中，35 是最小的，并不是所有有"顺序"性质的集合都具有这种"特殊的性质"，例如：无论是有理数，还是实数，都具有"传递性"和"三歧性"，但是它们同样不具有自然数所拥有的那种特殊的性质。例如区间$(0,1)$是有理数集合或实数集合中的非空子集，然而$(0,1)$中没有最小的数存在。

如果把"0"加入传统的自然数集合，新的自然数集合$\{0,1,2,\cdots,n,\cdots\}$依然会保持原自然数集合$\{1,2,\cdots,n,\cdots\}$拥有的所有的"顺序"性质。当然也包括那种特殊的性质。

自然数的运算功能：对加法和乘法来说，把"0"加入传统的自然数集合，不仅所有的"运算法则"依旧保持，如对加法和乘法运算都是封闭的，即新自然数集合$\{0,1,2,\cdots,n,\cdots\}$中的任何两个自然数都可以进行加法和乘法运算，而运算结果仍然是自然数，同时保持加法、乘法运算的结合性和交换性，以及乘法对加法的分配性。即$n_1(n_2+n_3)=n_1n_2+n_1n_3$，不仅如此，特别对加法运算来说，有了"0"这个特殊的数，加法运算才变得更完整，用一句群论的语言来说，新的自然数在加法运算下，成了有零元的加法交换半群了。

既然"0"加盟到自然数集合中，只有好处没有坏处，我们为什么不欢迎"0"作为自然数集合的一个成员呢？

最后，我们再补充一点"集合论"方面的常识。我们都知道：无法给集合下一个确切的数学定义。在 20 世纪初，一大批著名的数学家从不同的角度来弥补"无法给集合下一定严格定义"的缺陷，他们建立了"公理集合论"，并由此得到一系列影响现代数学发展的重要结果。在这里我们不可能介绍"公理集合论"的内容，但是我们可以告诉同学们，其基本的思想就是避免"悖论"。在"公理集合论"中，"空集"是第一个被给出的"具体集合"，并由"空集"出发再结合其他的一些公理构造出了所有的集合，包括自然数集合、有理数集合、实数集合、复数集合等。而在构造出的自然数集合中，"空集"就相当于"零"。

除了前面介绍的自然数三种基本功能之外，所有自然数的集合是中小学生见到的一个最重要的无限集合，没有零的自然数集合与包括零的自然数集合可以在下面的对应规则下看作是"完全一样"的：$n \rightarrow (n+1)$，在这个意义下它们是

"同构"的。

希望同学们更好地理解"0 是一个自然数",这样做是"理所当然"的,而不仅仅是人为的"规定",这件事可以帮助我们更好地理解自然数和它的功能。也希望同学们养成一个习惯,不仅知道和记住数学的"定义"和"规定",还应该思考它们"后面"的数学含义。这正是我们的教学基本功。

问题 4 讨论几个教学设计问题。

课题 1 多边形外角和定理

师:请同学们仔细观察下列三幅图:

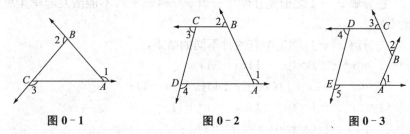

图 0 - 1   图 0 - 2   图 0 - 3

设三角形的外角和为 S_3,四边形的外角和为 S_4,五边形的外角和为 S_5,问 S_3、S_4、S_5 这三个量中哪一个量最大?

生 1:S_5 最大,角的个数多。

生 2:S_3 最大,角的个数虽少,但每个角角度比较大。

师:究竟谁最大呢?

众生:无法确定。

师:请同学们跟老师做一个实验,就图 0 - 1 而言,设想我们每个人面前都是一个较大的三角形,都站在 A 点,你的视线方向与 AP(图 0 - 4)方向一致,现在大家一起转动身体,使你的视线方向与 AB 方向一致(注意旋转了多少度),再进行第二次转动,使你的视线方向与 BC 方向一致(注意旋转了多少度),再进行第三次旋转,你的视线方向与 AP 方向一致,即回到初始状态(注意旋转了多少度)。同学们能猜出 S_3 是多少度?

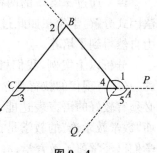

图 0 - 4

众生:S_3 等于一圈,360°。

生 3:第一次转的角度就是 ∠1,第二次转的角度就是 ∠4=∠2,第三次转的角度是 ∠5=∠3,三次加起来刚好是一圈,即

$$\angle 1 + \angle 2 + \angle 3 = \angle 1 + \angle 4 + \angle 5 = 360°$$

师:我们再用同样的方法去研究 S_4、S_5。

众生:S_4 中要转 4 次,S_5 再多转一次,但加起来都是一圈,所以也有 $S_4 = 360°$,$S_5 = 360$,…,由此推知 $S_n = 360°$。

……

评 该设计体现了数学发现的思想,充分暴露了命题发现过程,又能调动学生思考的积极性,表现出了较高的教学艺术价值。

课题 2 用拆、添项法因式分解

(1) 直接要求学生分解 $x^4 + 4$(学生无从下手)。

(2) 在分解 $x^4 + 4$ 之前先让学生分解 $x^4 + 4x^2 + 4$,不能激发起学生思维,效果也不好。

(3) 先分解 $x^6 - 1$,学生中有两种不同的结果:

$$x^6 - 1 = (x^3)^2 - 1 = (x^3 - 1)(x^3 + 1)$$
$$= (x-1)(x+1)(x^2+x+1)(x^2-x+1);$$
$$x^6 - 1 = (x^2)^3 - 1 = (x^2 - 1)(x^4 + x^2 + 1)$$
$$= (x-1)(x+1)(x^4 + x^2 + 1)$$

分解的结果不同,引起同学们的争论,是否是运算错误呢? 于是老师引导学生用多项式乘法验证分解结果,其中

$$(x^2+x+1)(x^2-x+1) = [(x^2+1)+x][(x^2+1)-x]$$
$$= (x^2+1)^2 - x^2 = x^4 + 2x^2 + 1 - x^2$$
$$= x^4 + x^2 + 1$$

可见分解结果不错,于是学生立即猜想出 $x^4 + x^2 + 1$ 还能进一步分解,那么怎样分解呢? 很多同学受到逆向演算的启示,都能正确地分解:

$$x^4 + x^2 + 1 = x^4 + 2x^2 + 1 - x^2 = (x^2+1)^2 - x^2$$
$$= (x^2+x+1)(x^2-x+1)$$

评 通过 $x^6 - 1$ 的两种不同分解结果的寻根求源,学生学会了用拆、添项法因式分解,学生在如此过程中,会意识到自我探索的价值,印象深刻,解题能力自然得到了培养。

分析以上案例,我们可以看出,一个合格的数学教师必须有较深的数学修养,必须有现代的教育观念,必须有较强的教学创新意识和创新能力。当然,还必须有较好的语言表达能力、课堂组织能力、板书与课件制作能力等基本功。而"数学教学论"的教学是在预设同学们已经具备较深数学修养的基础上,在同学们已经学习了教育学、心理学等公共教学理论的基础上,进一步帮助同学们学会钻研教材、处理教材,学会备课、上课、说课等基本的教学技能。关于数学

教师应具备的素质将在以后相关章节中相应讨论。

"数学教学论"的这些特点决定它的教学不同于其他学科。"数学教学论"的教学必须注意以下几方面:① 坚持理论教学与案例分析相结合,寓理论教学于案例分析之中;② 坚持集体讨论与归纳总结相结合,寓教学能力培养于自我实践之中;③ 坚持课内与课外相结合,寓教法学习于课堂、见习和实习试讲之中。同学们在学习过程中,要一改过去只顾听讲、记笔记的被动局面,增强角色意识,积极主动地参与课堂讨论,要把该课程的课堂教学当成教研活动。

思考题

一个优秀的数学教师应该具有怎样的学识特征? 如何才能成为一名最好的数学教师?

第一章　数学教学的价值

在研究和探讨数学教育规律时,首先必须讨论一个更为本质、也更为本原的问题:为什么要教数学以及为什么要学数学? 这是数学教育的价值问题,也是根本性的问题。这个问题理不清就容易导致数学教育方向出现偏差,使数学教学应有的价值得不到实现。本章在重新审视数学本质及其特征和数学对人的发展的影响、对人类文明的贡献的基础上,全面认识数学教育的价值。

第一节　数学的价值

一、数学的研究对象

数学的研究对象(即数学的定义)是数学哲学的重要问题之一,这个问题尽管简单但却不容易回答。说它简单,是因为每个人脑海中都有自己理解的"数学",似乎无须给予定义;说它不容易回答,是因为要准确地回答并得到公认,目前似乎还没有人能够真正做到。在数学史上,不同历史时期的数学家对这一问题的理解不尽相同,就是同一时期的数学家对这一问题的理解也不尽相同,有人曾经收集了历代著名数学家数以百计的关于数学定义以及对数学性质的论述。数学的定义如此之多,以至有人说有多少个数学家就有多少种关于数学的定义。

下面,我们循着历史的足迹,综述自古迄今关于数学定义的主要观点。

古希腊毕达哥达斯学派把"数"看成是万物的本原,自然"数"也是数学的本原,是数学的研究对象,而所谓的"数"是先验的。柏拉图把数学看成是"心智的产物",而且属于他的"理念世界",认为数学也是先验的。

亚里士多德反对柏拉图的先验论,认为数学只研究存在的一部分属性,这部分属性就是存在物的量性和连续性。他说,数学家在研究之前,先剥去一切可感知的质,例如轻重、软硬、冷热等,只留下量性和连续性,而不考虑其他方面的属性。他把数量区分为离散的和连续的两种,并说"数是一种离散的数量","线是一种连续的数量"。他指出:研究数及其属性(例如奇偶性、对称性以及比例关系等)的学科叫算术,研究量及其属性(如对称、相交、平行等)的学科叫做几何学。因为这两门学科的对象具有某些共同的性质,所以可归结为一门学科:数学。亚里士多德由此认为:数学是研究数量的科学。这是一个天才的定义,直到19世纪末仍被多数数学家接受。数学史表明,在19世纪以前,古典数学的主要成就是算术、几何学、代数学、微积分。它们所研究的都是客观事物的形式和数量。对此,恩格斯曾经概括为:"纯数学的研究对象是现实世界的空间形式和数量关系",他还说,数学是"一种研究思想事物(虽然它们是现实的摹写)的抽象的科学"。恩格斯的这些论述划清了数学同自然科学的界限,坚持了唯物主义路线,又优于亚里士多德的定义,因而受到数学家的普遍赞成,今天仍被经常引用。现行《九年义务数学课程标准(2011版)》开篇就引用了恩格斯这个定义:

世间万事万物,不论是有生命的,还是没有生命的;不论是动物,还是植物;不论是自然形成的,还是人工创造的;无论是气态、液态,还是固态;不论是在宏观世界,还是在微观世界,均以一定的形态存在于空间之中,并受诸于长度、面积、体积、质量、浓度、温度、色度等各种量的制约。这种万事万物所共有的内在特质"形(态)"与"数(量)",乃是数学科学的两大源泉。世间万事万物不是静态不变的,而是在不断相互联系地运动和变化着,事物的运动和变化体现在其内在特质上,就是"形"的变换和"量"的增减。"形"的变换各种各样,有描述位移的平移、旋转等刚体变换,也有描述缩放、透视的相似、仿射、直射等射影变换,还有描述拉伸、扭转等的拓扑变换。研究形在各种变换下的不变性质,或者研究形的各种不同方法、观点,就形成了各种各样的《几何学》。

"量"的增加衍生出一种基本运算——加法,进一步发展出减法、乘法、除法、乘方、开方等各种运算。在量的变化中,先增加2、再增加3,与先增加3再增加2,其结果无异,这就衍生出加法运算的交换律等运算规律。研究各种量,甚至抽象元素的运算及其规律就形成了各种各样的《算术》《代数学》。

作为万事万物所共有的内在特质"数"与"形",附以反映万事万物变化规律的运算、变换及其规则,就是数学。古典数学如此,现代数学本质也如此。数与形是万物之本:数,既可表达事物的规模,也可表示事物的次序,万象共有;形,是人类赖以生存的空间形态,代表的是结构与关系,万物共存。数与形是一个事物的两个侧面,二者相互联系,对立统一。"数与形"是数学的两大柱石,整个数学都是围绕这两个概念的提炼、演变与发展的,数学在各个领域中千变万化的应用也是通过这两个概念而实现的。数学中研究数和数量关系的部分属于代数学范畴,数量关系和顺序关系占主导。研究形和空间形式的部分属于几何学范畴,位置关系和空间结构占主导。研究两者的联系或数形关系的部分属于分析学范畴,量变关系、瞬间变化与整体变化关系占主导,以函数为对象,极限为工具。几何学、代数学、分析学构成了整个数学的本体和核心。

在 19 世纪以前,虽然数学中已经加入了没有直观背景的虚数,但它在整个数学中毕竟不占主导地位,所以虚数对恩格斯的数学定义没有产生冲击。然而自 19 世纪以来,纯数学的三个基本部门——分析学、几何学、代数学均发生了质的变化:分析学已由古典微积分发展出函数论、泛函分析;几何学已由欧几里得几何学发展出非欧几何学、多维几何学;代数学已由代数方程论发展出抽象代数。其中的复变函数论、非欧几何学、多维几何学以及抽象代数等这些重要的新的数学领域,开始都没有直观的背景。在数学获得巨大成就的情况下,数学的对象到底是什么,又引起了人们的思考。

逻辑主义者把数学等同于逻辑,因此逻辑的研究对象自然就成了数学的研究对象。逻辑主义的代表人物罗素明确地说,逻辑和数学"二者也确是一门科学,它们的不同就像儿童与成人的不同:逻辑是数学的少年时代,数学是逻辑的成人时代"。因此,在逻辑主义者看来,不管数学的内容如何,也不管它的内容能否反映客观实际,只要符合逻辑就行。在这种思想的指导下,罗素才说:"数学可以定义为一种科目,在其中我们决不知道说的是什么,也不知道所说的是真还是假。"

直觉主义主要从自然数的实在性出发,构造各种数学概念,至于这些数学概念有无实际意义他们并不关心,从这一认识出发,把数学定义为"纯粹心智的构造",构造的目的是为了发展他们的直觉主义的数学。

纯粹的形式主义者则认为,数学就是一串没有实际内容的且在逻辑上又不互相矛盾的符号。

1899 年,希尔伯特的《几何学基础》的出版,标志现代公理法的诞生。从此,数学开始了公理化的趋势,并产生了约定主义;约定主义者认为,不同的数学分支是从不同的公理推导出来的,而公理则是一组"公约"或"约定"的命题。

20 世纪的三分之一时间里,在数学对象这一问题上展开激烈争论,互相批评,没有、也不可能有一致的意见。

1949 年以前,罗素关于数学的定义在我国有相当大的影响。1949 年以后,马克思主义在中国得到大力宣传,人们为了坚持恩格斯的定义,基本上采取苏联学者的态度——对恩格斯的定义作了符合当前数学状况的解释或者做一些必要的文字改动。

20 世纪 30 年代法国布尔巴基学派把数学定义为"研究结构的科学",这个观点反映了现代数学水平,获得了许多人的赞同,也是当前国际上有影响的一种观点。当然也有一定局限性。

我国数学家丁石孙在研究了当代流行的关于数学的定义后提出,"数学的研究对象是客观世界的和逻辑可能的数量关系和结构关系"。他解释说:"数学对象有两重性:作为科学理论,数学的研究对象是各种各样的逻辑可能的关系;而作为一门科学,数学的研究对象则是客观世界。"

我国数学家关肇直曾经提出:"数学是研究现实世界中量的关系的科学。"其中的量就是马克思主义哲学中同质相对立的概念,具有确定的含义。这一观点既适用于18世纪以前的数学,又适用于19世纪以来的数学,既通俗,又深刻,得到国内许多学者的赞同。

马克思主义哲学认为,客观世界中的任何事物都是质与量的对立统一,无量的"纯质"和无质的"纯量"都是不可想象的。因此,纯数学不是毫无客观内容的"自由创造",它的存在也不可能是独立的客观存在,而只以抽象的方式存在。由于客观事物是在不断地发展,所以同质不可分离的量也在不断地发展,从而研究量的数学不能不发展。只要今天还有没有被研究的量,没有永远不能研究的量。

因此,数学就是从量的侧面研究客观世界的一门学科。

以下是摘自《数学家言行录》中关于"数学的定义及其研究对象"的几段论述。

数学是一门理性思维的科学。它是研究、了解和知晓现实世界的工具。复杂的东西可以通过这一工具简单的措辞去表达,从这一意义上说,数学可被定义为一种连续的用较简单的概念去取代复杂概念的科学。

——怀特·威廉

数学是关于函数规律和变换的一门学科。它能使我们把形象的外延与规定的运动转换成数。

——霍尔逊

数学的研究对象就是数量之间的种种间接的度量关系,目的在于按照数量之间所存在的种种客观关系去决定它们的相对大小。

——科姆特

随着时代的发展与研究的深入,对"数学的研究对象是什么"问题的回答会有更深刻的描述。对数学来说,过分强调某一方面,都可能会忽视另一方面,因此很难给出一个比较确切的定义。尽管如此,各种形式的关于数学定义还是有助于我们对数学本质的理解。

二、数学的特征

数学的研究对象决定其具有抽象性、严格性、系统地使用符号和广泛的应用等特征。这些特征是数学区别于其他科学的重要标志。

抽象性在极简单的数学知识中就已表现出来。我们平时写出任一个数，比如5，它既不是一只手的手指头，也不是任何5件具体的东西，而是一个抽象的概念。同样，几何中的点不是画图的铅笔尖，直线不是拉紧的绳子，它们也是抽象的概念。当然，抽象性并非数学所独有，数学的抽象性首先在于独特的抽象内容，即数学"为了能够从纯粹的状态中研究这些形式和关系，必须使它们完全脱离自己的内容，把内容作为无关紧要的东西放在一边"，而"以极度抽象的形式出现"。其次是高度的抽象，即从已有的概念引出新的概念，在抽象之上再进行抽象，并反复进行，因而才有今天高度抽象的数学。

关于数学的抽象性再作以下几点说明：

1. 数学的抽象性并非数学所独有

著名数学家库朗指出："数学并没有垄断抽象"。物理学中力的概念就比较抽象，这在我们日常生活中似乎认为是很具体的东西，但它作为物理学中的一个概念，其科学含义是："使物体获得加速度的原因"，这就相当抽象了。至于物理学中的质点、刚体、各种理想状态、理想气体等也是十分抽象的。

可以说，任何一门科学都离不开抽象，因为每门科学都会有一系列概念，而概念都是不同程度地经历了抽象的过程而形成的，其中需要对事物进行分析，抓住其特有属性，尤其是本质属性，然后上升为概念，它本身就是抽象思维的结果，因而必定具有抽象性。

但是，如果数学的抽象程度跟其他科学的抽象程度都是一样的，那么数学的抽象性也就不值一提了。然而，数学的抽象性确有此特殊性。

物理、化学、生物等学科，它们讨论的对象大都比较容易看到或想到其现实原形。然而，在数学中，特别是在讨论基本概念、基本理论时，大都不容易直接看到或想到现实原形。例如，方程式 $ax^2 + bx + c = 0$ 的现实原形是什么？三角式 $\sin(x+y) = \sin x \cos y + \sin y \cos x$ 是什么？$1 + \dfrac{1}{2^2} + \dfrac{1}{3^2} + \cdots + \dfrac{1}{n^2} + \cdots = \dfrac{\pi^2}{6}$ 表示什么？还有许许多多的公式、定理都不像金、银、铜、铁、锡那样使人感到具体。

这是因为数学的抽象度确实更高。数学在考虑事物时，它把这些事物的物理属性、化学属性或者生理属性等全部撇开，而只考虑其量的特性、形的特性。例如，作为自然数的推广的基数概念，当我们考虑一个集合的基数时，不仅不理睬这个集合的具体元素是什么东西，也不理睬这些元素相互之间有什么关系，全舍弃了，只考虑所有能与之一一对应的集合的那一共同属性。几何学中点的概念，是从现实世界抽象出来的。日常生活中经常遇到的水点、雨点、万米长跑的起点、河流的交汇点，都可以作为"点"的现实原型。这些例子中的物理性质各不相同，大小也不一样，但有一个共同特征，即各自占据着一定的位置。"点"舍弃了事物的物理性质，更无大小可言，仅仅表示位置，纯属观念性的东西。点是几何学中的基本元素，除了表示位置，还有其他作用。比如，点的集合可以构成直线、曲线，也可以构成平面、曲面，甚至还可以构成整个空间，这些都是数学家观念上的需要。

2. 数学抽象有着丰富的层次性

不仅表现为直接从现实世界中抽象出的数量关系和空间形式，而且还表现为在已有数学知识的基础上，抽象出新的概念，建立新理论。例如线性空间是高等代数中的一个重要概念，是在一系列已有数学知识基础上，经过较高层次的抽象提炼出来的，它的客观背景，是数域 P 上的 n 维向量空间 P^n、数域 P 上的一元多项式环 $P[x]$、元素属于数域 P 的 $m \times n$ 矩阵集合 $P^{m \times n}$ 等众多的数学对象。分析上面这些不同的数学对象，可以看出它们的共同特征，就是在 P^n、$P[x]$、$P^{m \times n}$ 中，都有称为加法和数量乘法的两种运算，这两种运算又都满足形式相同的 8 条规则。由此经过数学抽象，可以得到用以刻画更为广泛的一类数学对象的线性空间的定义。

3. 数学抽象必须借助于理性思维

数学抽象度极高的另一特点是，在数学抽象过程中必须借助于理性思维。

作为最简单的例子，我们认为：谁也没有把自然数一个一个数完过，但无论谁都知道自然数有无穷多个。这其中就有理性思维，人们考虑到每个自然数都有后继数，永无止境。$\sqrt{2} = 1.4142\cdots$ 是不是一个无限不循环小数（即无理数）？如果要把小数点后的全部数字一个一个都算出来再去下结论，那么这个结论就下不了了，因为谁都不可能做到这一点。然而，两千多年前人类就会证明它是无限不循环小数了。$\pi = 3.14159\cdots$ 是不是一个无限不循环小数呢？人们经过艰难的工作才于 19 世纪证明了它不仅是无理数，而且还是一个超越数，但这无论如何也不可能是一个一个地把全部小数都算出来之后才下结论。这些都是通过理性思维而得出的科学结论，哥尼斯堡七桥问题的解决也能充分说明数学抽象和理性思维的关系。

当然不是说其他学科没有或不需要理性思维，也是完全需要的，但不像数学这样突出，尤其是理论数学，不仅研究的概念抽象，而且研究的方法也抽象，突出表现在公理化方法，如希尔伯特将在欧氏几何体系内"点"的概念的抽象程度加深了一层，在希尔伯特系统中，点、线、面仅是一个名称而已，仅是一组术语而已，把这些名称和术语改成别的什么也无妨。

4. 数学抽象是一个历史过程

试看下面三个式子：

$3 \cdot 2^2 - 8 \cdot 2 + 4 = 0$，

$3x^2 - 8x + 4 = 0$，

$ax^2 + bx + c = 0$。

这三个式子，一个比一个的抽象程度高。第一个式子，人类数千年以前就已知道（虽然表示方法并非如此）；第二个式子两千年前也能解；然而，第三个式子直到17世纪才实现。第三个式子在今天的一个普通中学生看来也会感到很普通且简单，但它的出现却是代数学史上的一件大事。只有当它出现后，才能开始方程理论的一般性研究，此乃近世代数出场的一个前奏（主要特点是引进了文字系数），有了它就有二次方程求根的一般公式，于是人们又开始探求三次、四次方程求根的一般公式，不久便获得成功；接着又开始探讨四次以上方程的求根公式，以代数学中对五次和五次以上方程求根公式的研究、探索导致了代数学研究的重大突破——群论的诞生。所以我们不难发现，数学的抽象是不断发展着的，它从具体到抽象，从较低层次的抽象到较高层次的抽象，这反映了人类认识发展的实际过程，是一个历史发展的过程。如函数概念的发展、连续概念的发展、曲线概念的发展、空间概念的发展皆如此。

逻辑的严格性是公认的数学重要特征之一。如果说"任何科学都是应用逻辑"（列宁语），则数学是应用逻辑的典型学科。谁都知道，一个数学命题能否成立，并不取决于实验证明，而是取决于严格的逻辑证明。

严格的逻辑证明又为数学带来两个显著特点：结构的阶梯形和结论的确定性。前者指它的结构犹如阶梯，一层一层逐级往上，步步为营，稳扎稳打。后者包含三个思想：其一，它的结论令人信服，是"信得过的"；其二，它的结论一是一，二是二，可谓"说一不二"，对错分明，界限清楚；其三，它的结论不因数学发展而过时，可谓"永葆青春"。

数学推理的严谨性与结论的精确性，促进从事数学活动的人必须严格遵守相应的规则、体系,在同一系统内,数学真理具有绝对性,数学追求的目标几乎是一种清晰可达的信仰。因而,学习与从事数学的活动,追求的是一种抽象的"真",一种心灵上的纯真与虔诚,"首先在工作中,他必须是完全忠实的,这倒不是出于任何优秀的道德品质,而是因为他无法拿着冒牌逍遥法外"。

在古希腊时代,欧几里得为了将当时庞大的几何资料系统化、条理化,写出了他的巨著《几何原本》。欧几里得竭力追求命题之间严密的逻辑系统,他由少数定义、公设和公理出发,运用逻辑推理的方法,推演出 400 多个定理,竟至无一例外地和客观真理完全符合,这就向哲学家们提供了一种认识真理的方法:从少数几条明白清楚的前提出发,用逻辑工具证明你的结论。逻辑的严谨告诉我们,如果前提是真理,则结论也是真理。逻辑的严谨是孕育了一种理性精神,对数学乃至对人类文化都产生了深远的影响。

系统地使用符号是数学又一特征。这是因为:第一,数学免不了要计算,不仅需要计算的工具(如纸、笔、计算器等),而且还得有符号,否则无法进行,所以符号是计算的需要。第二,符号也是逻辑推理的需要。数学符号是抽象的数学概念的具体化身,是数量关系的无声名称,是逻辑推理的物质承担者。第三,形式化是现代数学的重要特征,而使用符号是数学形式简化的最好途径。数学史表明,有没有优越的符号,是数学发达程度的标志之一,尤其现代的纯数学,离开符号是不可想象的。

随着数学的发展,随着数学内容的不断丰富,数学符号也不断地丰富和发展着,数学符号大体可分以下几种类型:

1. 数量符号

如 $1,2,3,\cdots,\dfrac{5}{7},\sqrt{7},3+4\mathrm{i},\mathrm{e},\pi,\infty$ 用 x、y,表示未知数,用 a、b、c 表示已知数。

2. 对象符号

如 $\triangle$ 表示三角形,A、B、C 表示集合,$\mathbb{N}$ 表示自然数集,$\mathbb{R}$ 表示实数集,X,S 等用以表示空间,G 表示群……

对象符号甚至可以包括表示数学自身的概念、命题、理论系统等,如 E_2 表示二次代数系统构成的微分方程组,CH 表示连续统假设,ZFC 表示一个集合公理系统……

3. 运算符号

如 $+$、$-$、$\times$、$\div$、$\sqrt{}$、$\log$、$\sin$、$\cos$ 等,$\lim$、d、$\int$ 是微积分符号,$\sum$(求和),$\prod$

(连乘)，！(阶乘)，∪，∩，……

4. 关系符号

如＝、≈、≡、≠、＜、＞、∥、⊥、∈、∉、⊂、⊆……

另外还有结合符号如( )、[ ]、{ }，连结符号如∴、∵……这是运算符和关系符的一种辅助符号。

数学符号作为一种特殊的语言文字也有它自己的发展变化过程，单个的符号也经历过演变，不过，有的变化比较显著，有的则不然。例如："$\sqrt{}$"，起初德国人在 1480 年前后，用一个"·"来表示平方根，如·3 就是 3 的平方根，·· 表示 4 次方根，而 ··· 表示立方根。到 16 世纪初，小点带上一条尾巴变成 √ 像一个小蝌蚪，数学史家推测，这可能是写快时带上的。根号的起源很大程度上是推测的，但是很多人包括欧拉相信它起源自字母 r，它是指示求方根运算的拉丁语和德语单词 radix 的首字母。没有线括号(在根号内的数上的横线)的这个符号首次印刷在 1525 年出现在德国数学家路多尔夫(Thomas Rudolff)的书《Die Coss》中。由于根号书写方法不统一会引起混淆，笛卡尔在有关的几项上面用括线把它们连起来，才成为现在的根号形式。

数学符号是人工制定的，约定俗成的，是抽象思维的产物，具有高度抽象性，但并不是不可捉摸的。从数学家提出新符号的心理过程来看，数学符号的创设与数学理论和方法密切相关，它总是由于研究某种课题的需要而受到某种思想的指引。

"数学符号是交往与传播数学思想的媒介，是数学发明的工具"。使用符号是数学史上的一件大事。符号和公式等人工语言的制定是最伟大的科学成就，它在很大程度上决定了数学的进一步发展。数学语言"就像一座灯塔，照亮了黑暗中的巨大地域，照亮自然的未被揭示的秘密"。美国数学家斯特洛伊克说过，新的合适的数学符号"它就带着自己的生命出现，并且它又创造出新生命来"。

众所周知，微积分"大体上是由牛顿和莱布尼兹完成的"，但莱布尼兹创设了一套微积分符号远远优于牛顿的微积分符号，因而对微积分的发展产生了不同的影响。莱布尼兹的微分符号 $\mathrm{d}x$、微商符号 $\dfrac{\mathrm{d}x}{\mathrm{d}y}$、积分符号 $\int$ 都沿用至今，具有极强的生命力，尽管微分、积分有了很大的发展，他的符号仍然显出有效性，他的积分符号便于施行换元积分，便于分部积分，便于向多重积分扩展，莱布尼兹实际上还提出了创立数学符号的标准，那就是所创立的符号必须能反映事物最内在的本质，能使人"减轻了想象的任务"，"适宜于发明"。他本人创立的符号就符合这些标准。

然而，与莱布尼兹同时，牛顿关于微积分的符号却要笨拙得多。牛顿用以表示流数的记号 $\dot{x}$，$\dot{y}$，似乎也很简单，但是它没有莱布尼兹记号的那些功能和优点，它没有反映"事物的最内在本质"，没能"适宜于发明"。不幸的是，在 17 世纪至 18 世纪之间，英国人把牛顿的传统视为金科玉律，突出狭隘的民族偏见，拒绝阅读任何用莱布尼兹记号写的东西。18 世纪，英国的数学水平大大落后于欧洲大陆，英国数学的这一落后状况与拒绝采用先进的符号密切相关。直到 19 世纪，英国人才开始对欧洲大陆迅猛发展的微积分及其扩展工作发生兴趣，才开始接受莱布尼兹的记号，用 $\dfrac{\mathrm{d}y}{\mathrm{d}x}$ 替代 $\dot{y}$，先进的符号是不可抗拒的。

至此，我们看到，一种"反映了事物的最内在本质"，"减轻了想象的任务"且"适宜于发明"的符号具有重大的积极意义，反之，一种不适合的符号甚至能妨碍、延滞数学的发展。

思维离不开语言，数学的思维离不开数学的语言，符号在数学语言中占有重要地位，因此，数学思维离不开数学符号。

对于数学家而言，有创造适宜的符号的任务，对于一切必须以数学做工具的人来说，准确、熟练地掌握数学符号都是极为重要的。

广泛的应用性是高度抽象的逻辑结果，也是由它的对象决定的。因为客观事物都是质与量的统一体，因此，作为研究量的数学就"无孔不入"，它的应用必然渗透于客观世界的一切方面，贯穿于一切科学领域。现代科学数学化趋势的出现以及数学作为横断学科地位的加强，是数学应用广泛的最好说明。

不少数学家认为，数学美也是数学重要特征之一。上述数学诸特征均属数学美的范畴。数学的发展和人类文明的进步同步，数学美的概念虽有某些演变，但综观古今数学，无论是它的理论和方法，还是它的内容和形式，数学美的基本内容还是相对稳定的，这就是：简洁性、对称性、和谐性和奇异性等。数学美是美的组成部分。"如果说自然美和艺术美是由视觉、听觉等感官所接受的美感，数学美则是大脑思考所产生的思想结构上的精神美。"人们对数学美的追求也是数学发展动力之一。

三、数学的地位及贡献

在研究了数学的研究对象和数学特征的基础上，我们再来体验一下数学的地位及贡献。平时我们听课、读书、练习都是在数学内部研究数学、体会数学，只知入乎其内,见木而不见林。现在我们出乎其外,登高远眺。不站出来就不知道数学的根在何处,不知道我们数学的最终目的和最终方向是什么;不站出来,就看不到数学与其他学科的密切联系与相互影响;不站出来,就看不到数学对人类文明的巨大贡献。

整个人类文明的历史就像长江的波浪一样,一浪高过一浪,滚滚向前,科学巨人们站在时代的潮头,以他们的勇气、智慧和勤奋把人类的文明从一个高潮推向另一个高潮。整个人类文明可以分为三个鲜明的层次:

(1) 以锄头为代表的农耕文明;

(2) 以大机器流水线作业为代表的工业文明;

(3) 以计算机为代表的信息文明。

数学在这三个文明中都是深层次的动力,其作用一次比一次明显。

唐诗有云:欲穷千里目,更上一层楼。今天,我们将在文化这一更为广阔的背景下,讨论数学的发展、数学的作用以及数学的价值,让同学们不仅从数学自身的思想方法和应用的角度,而且从文化的高度和历史的高度鸟瞰数学的全貌和美丽。

我们必须认识到,数学对人类文化的影响有这样一些特点:由小到大,由弱到强,由少到多,由隐到显,由自然科学到社会科学。

简而言之,今天我们要唱一曲数学的赞歌,赞美数学思想的博大精深,赞美由数学文化引出的理性精神,以及在理性精神的指导下,人类文明的蓬勃发展。

以下从八个方面列举数学对人类的贡献:

1. 古希腊数学及其对人类文明发展的影响

古希腊人最了不起的贡献是,他们认识到数学在人类文明中的基础作用,这可以用毕达哥拉斯的一句话来概括:自然数是万物之母。

毕达哥拉斯学派研究数学的目的是企图通过揭示数的奥秘来探索宇宙的永恒真理,他们对周围世界作了周密的观察,发现了数与几何图形的关系,数与音乐的和谐,他们还发现数与天体的运行都有密切关系。他们把整个学习过程分成四大部分:① 数的绝对理论——算术;② 静止的量——几何;③ 运动的量——天文;④ 数的应用——音乐。合起来称为四艺。

以音乐为例,从毕达哥拉斯时代开始,人们就认为,对音乐的研究本质上是数学的,音乐与数学密不可分。他们做过这样的试验:将保持相同的张力,但长度不同,使两张弦同时发音,他发现,如果弦长的比是两个小整数,如果 1∶2、2∶3、3∶4 等,听起来就和谐、悦耳,正是基于这种认识,毕达哥拉斯学派提出了音律,顺便指出,我国在古代也以同样的方式确定了音律。

他们得到结论:自然数是万物之母,宇宙中的一切现象都以某种方式依赖于整数。但是当他们利用毕达哥拉斯定理发现$\sqrt{2}$不是有理数时,受到了极大的震动。这就爆发了第一次数学危机。数学基础的第一次危机是数学史上的一个里程碑,它的产生与克服都具有重要的意义。第一次数学危机表明,当时希腊的数学已经发展到这样的阶段:证明进入了数学,数学已由经验科学变为演绎科学。

值得一提的是,毕达哥拉斯学派是人类最早企图通过揭示数的奥秘来探索宇宙的永恒真理,这在人类认识史上是一个进步。

欧几里得《几何原本》的出现是数学史上的一个伟大的里程碑,欧几里得做出了伟大的创造:筛选定义、选择公理、合理编排、逻辑演绎,就像一位建筑师,建起了一座宏伟的数学大厦。在这里,经验被公理取代,思维由逻辑展开,严谨靠推理展示,结论依因果相连。《几何原本》其意义不完全是里面的定义或定理,更重要的意义在于用演绎的方法构建了一个公理化体系,使得人们对数学的认识可以从经验上升到理性,从具体上升到一般。也为人类提供了一种崭新的思维模式。在西方世界除了《圣经》以外没有其他著作的作用、研究、印行之广泛能与《几何原本》相比。自1482年第一个印刷本出版以后,至今已有一千多种版本。在我国,明朝时期意大利传教士利玛窦与我国的徐光启合译前6卷,于1607年出版。中译本书名为《几何原本》。徐光启曾对这部著作给以高度评价。他说:"此书有四不必:不必疑,不必揣,不必试,不必改。有四不可得:欲脱之不可得,欲驳之不可得,欲减之不可得,欲前后更置之不可得。有三至三能:似至晦,实至明,故能以其明明他物之至晦;似至繁,实至简,故能以其简简他物之至繁;似至难,实至易,故能以其易他物之至难,易生于简,简生于明,综其妙在明而已。"《几何原本》的传入对我国数学界影响颇大(1857年我国数学家李善兰和德国传教士伟烈亚力译后九卷)。

欧几里得的《几何原本》被称为数学家的圣经,在数学史,乃至人类科学史上具有无与伦比的崇高地位,它在数学上的主要贡献是什么呢?

(1)成功地将零散的数学理论编为一个从基本假定到最复杂结论的整体结构。

(2)对命题作了公理化演绎。从定义、公理、公设出发建立了几何学的逻辑体系,成为其后所有数学的范本。

(3)几个世纪以来,已成为训练逻辑推理的最有力的教育手段。

(4)演绎的思考首先出现在几何学中,而不是在代数学中,使几何具有更加重要的地位。这种状态一直保持到笛卡儿解析几何的诞生。

我们还应当注意到，它的影响远远地超出了数学以外，给整个人类文明都带来了巨大影响。它对人类的贡献不仅仅在于产生了一些有用的、美妙的定理，更重要的是它孕育了一种理性精神。人类的任何其他创造都不可能像欧几里得的几百条证明那样，显示出这么多的知识都仅仅是靠几条公理推导出来的，这些大量深奥的演绎结果使得希腊人和以后的文明了解到理性的力量，从而增强了他们利用这种才能获得成功的信心，受到这一成就的鼓舞，人们把理性运用于其他领域，神学家、逻辑学家、哲学家、政治家和所有真理的追求者都纷纷仿效欧几里得的模式，来建立他们自己的理论。

欧几里得几何是推理的典范，其特点是，以简驭繁，以少胜多。这本书成为后人模仿的样板，影响了一大批学科。

人们用欧几里得"公理化思维模式"研究《几何原本》第五公设，长出了新的几何《非欧几何》。

阿基米德不是通过用重物做实验，而是按欧几里得的方式，从"相等的重物在离支点相等距离处处于平衡"这一公设出发证明了杠杆定律。

牛顿称著名的三定律为"公理或运动定律"。从三定律和万有引力定律出发，建立了他的力学体系。他的"自然哲学的数学原理"具有欧几里得式的结构。

在马尔萨斯1789年的"人口论"中，我们可以找到另一个例子。马尔萨斯接受了欧几里得的演绎模型。他把下面两个公设作为他的人口学的出发点：人需要食品；人需要繁衍后代。他从对人口增长和食品供求增长的分析中建立了他的数学模型。这个模型简洁，有说服力，对各国的人口政策有巨大影响。

令人惊奇的是，欧几里得的模式还推广到了政治学。美国的"独立宣言"是一个著名的例子。独立宣言是为了证明反抗大英帝国的完全合理性而撰写的。美国第三任总统杰斐逊（1743—1826）是这个宣言的主要起草人。他试图借助欧几里得的模型使人们对宣言的公正性和合理性深信不疑。"我们认为这些真理是不证自明的……"。不仅所有的直角都相等，而且"所有的人生来都平等"。这些自明的真理包括，如果任何一届政府不服从这些先决条件，那么"人民就有权更换或废除它"。宣言主要部分的开头讲，英国国王乔治的政府没有满足上述条件。因此，……我们宣布，这些联合起来的殖民地是，而且按正当权力应该是，自由的和独立的国家。我们顺便指出，杰斐逊爱好文学、数学、自然科学和建筑艺术。

相对论的诞生是另一个光辉的例子。相对论的公理只有两条：①相对性原理，任何自然定律对于一切直线运动的观测系统都有相同的形式；②光速不变原理，对于一切惯性系，光在真空中都以确定的速度传播。爱因斯坦就是在这两条公理的基础上建立了他的相对论。

关于建立一个理论体系，爱因斯坦认为科学家的工作可以分为两步。第一步是发现公理，第二步是从公理推出结论。哪一步更难呢？他认为，如果研究人员在学校里已经得到很扎实的基本理论、推理和数学的训练，那么他在第二步时，只要"相当勤奋和聪明，就一定能成功"。至于第一步，即找出所需要的公理，则具有完全不同的性质，这里没有一般的方法，爱因斯坦说："科学家必须在庞杂的经验事实中间抓住某些可用精密公式来表示的普遍特性，由此探求自然界的普遍原理。"

古希腊的文化大约从公元前 600 年延续到公元前 300 年。古希腊数学家强调严密的推理以及由此得出的结论。他们所关心的并不是这些成果的实用性，而是教育人们去进行抽象推理，激发人们对理想与美的追求。因此，这个时代产生了后世很难超越的优美文学，极端理性化的哲学，以及理想化的建筑与雕刻。那位断臂美人——米洛的维纳斯（公元前 4 世纪）是那个时代最好的代表，是至善至美的象征。正是由于数学文化的发展，使得希腊社会具有现代社会的一切胚胎。

希腊文化给人类文明留下了什么样的珍贵遗产呢？它留给后人三件宝。

第一，它留给我们一个坚强的信念：自然数是万物之母，即宇宙规律的核心是数学。这个信念鼓舞人们将宇宙间一切现象的终极原因找出来，并将它数量化。

第二，它孕育了一种理性精神，这种精神现在已经渗透到人类知识的一切领域。

第三，它给出一个样板——欧几里得几何。这个样板的光辉照亮了人类文化的每个角落。

但是，令人痛惜的是，罗马士兵一刀杀死了阿基米德这个科学巨人，这就宣布了一个光辉时代的结束，怀特海对此评论道："阿基米德死于罗马士兵之手是世界巨变的象征。务实的罗马人取代了爱好理论的希腊人，领导了欧洲……罗马人是一个伟大的民族。但是受到了这样的批评：讲求实效，而无建树。他们没有改进祖先的知识，他们的进步只限于工程上的技术细节。他们没有梦想，得不出新观点，因而不能对自然的力量得到新的控制。"

此后是千余年的停滞。

2.数学与宇宙观的革命

关于哥白尼的贡献，有这样一种流行的说法："从前人们认为太阳绕着地球转,哥白尼纠正了这一谬误,指出是地球绕太阳转。"其实,运动都是相对的,本无所谓"谁绕谁转"。人们观察运动,却需要一个参照系。"地球中心说"将参照系固定于地球;"太阳中心说"将参照系固定于太阳。"地心说"是一种数学模型。"日心说"也是一种数学模型。"地心说"能够解释太阳和其他恒星的视运动,应该说也具有相对真理的作用。但对于解释行星的视运动(当时只知道金、木、水、火、土五行星),"地心说"却显得极其笨拙(用了几十个圆周运动的复合尚且不能自圆其说)。"日心说"取代"地心说",实质上是用一种好的数学模型取代了一种蹩脚的数学模型。

哥白尼模型用以解释行星的视运动仍有相当的误差。天文学家积累了丰富的观测资料却无法对此做出解释。开普勒在大量观测资料的基础上进行思考,终于认识到必须进一步用更好的数学模型修正哥白尼的模型。经过数十次的假设、试算并检验拟合程度的艰苦探索之后,开普勒提出以椭圆轨道模型代替哥白尼的圆形轨道模型,并在此基础上提出了著名的行星运动三大定律。

有一个流传极广的故事,说是牛顿被树上掉下的苹果打中,顿生灵感而发现了万有引力定律。其实,基于开普勒三大定律的数学计算,已经明确地提出:行星有一个指向太阳的与距离平方成反比的加速度。牛顿本人在与胡克争论"平方反比律"的发现过程时,一再强调开普勒定律的贡献。苹果的落下只是使经过深思熟虑的牛顿意识到,让苹果落下的力,让月球绕地球维持运行的力,让行星绕太阳运行的力,本质上应该是一样的。因而可以借助于这一类比通过数学验证"平方反比律"。由此可见,万有引力定律的提出及设想的验证方案都离不开数学。是数学而不是苹果让牛顿成了第一次宇宙观革命的完成者。牛顿完全有理由把他最重要的著作命名为《自然哲学的数学原理》。他发现新宇宙的思维方式正是一种数学的思维方式。牛顿学说的伟大,不仅在于能够解释当时的经验材料,而且在于可以预见未来。

爱因斯坦的相对论是宇宙观的第二次大革命。这一革命的核心内容是时空观念的改变。时间的流逝与空间的广延是一切存在的基本形式。牛顿力学的时空观认为时间与空间互不相干,伽利略变换式是这种数学模型的基本表现形式。爱因斯坦的时空观却认为时间与空间是相互联系的,"四维空间"的洛仑兹变换是这种数学模型的重要表现形式。促使爱因斯坦做出这一伟大贡献的仍是数学的思维方式。他的出发点是两个基本原理:一般相对性原理和光速不变原理。从基本原理出发所用的推理方式完全是一种数学推理方式。爱因斯坦推演出许多人们在日常生活中完全体验不到的结论。正是数学的思维方式，才使得他能远远超越人们的日常经验而做出了不起的贡献。

3. 数学与重大的科学技术进步

1781 年发现了天王星之后，按照牛顿定律推算的轨道却与实际观测有较大出入。按照狭隘经验论的观点，这也许是牛顿定律的"失败"。然而，理性思维的力量又一次促使人们向前迈进。坚信牛顿定律的人猜测这些误差是由另一颗尚未发现的行星的引力造成的。茫茫宇宙之中，搜索未知的行星，其困难程度无异于大海捞针。然而数学又一次大显神威。1846 年，通过数学计算精确地推定了未知行星的位置之后，天文观察立即在指定地点捕捉到了后来命名为海王星的新行星。类似的故事重演了一次，1930 年人们又发现了太阳系的第九颗行星——冥王星。冥王星的发现也充分显示了数学的威力。

近现代许多重大科学发现和技术进步往往是这样的：人们先算出了它，然后才找到了它；或者人们先算出了它，然后才造出了它。航天时代开始于 20 世纪中叶，现在人们已经能够坐在家里欣赏人造卫星转播的电视节目了。这当然是了不起的成就。但更加了不起的是，早在 300 年前，牛顿已经通过数学计算，预见了发射人造天体的可能性。他指出以相当于 8 km/s 速度抛出的物体，将进入环绕地球的椭圆轨道运行。数学的思维方式不仅能够解释已有的存在，而且还能预见尚未出现的将来。由电磁波的发现和广泛应用，原子能的实际应用，也是这样的情形：人们先通过数学公式预见了其可能性（麦克斯韦方程和爱因斯坦质能公式），然后才通过技术手段将其实现。电子数字计算机的出现更是这样，图灵等数学家的数学理论先证明了其可能性，后来人们才将其建造出来。

恩格斯认为"数学在一门科学中应用的程度，标志着这门科学成熟的程度"。在这段札记后，他还写道："数学在生物中的应用等于零。"这是一百多年前的状况。其后数学深深地介入了生物学。到了现在，人们已经开始谈论"未来世纪可能是生物学的世纪"了。现代生物技术基于对遗传基因的认识，而正是用了数学的思维方式才最早推测出遗传基因的存在，促使了遗传基因学说的诞生。

1865 年，孟德尔以排列组合的数学模型解释了他通过长达 8 年的实验观察到的遗传现象，从而预见了遗传基因的存在性。多年以后，人们才发现了遗传基因的实际承载体。1953 年沃森和克里克提出了 DNA 分子的双螺旋结构模型。在这以后人们又惊奇地发现,被认为是纯理论数学的拓扑学,竟然对 DNA 的研究起着极重要的作用。

马克思曾经写道:"蜂巢的构造使最高明的建筑师赞叹不已,蛛网的精细使最灵巧的织工自叹不如。然而,即使最差劲的建筑师和织工也远远胜过最灵巧的蜜蜂和蜘蛛,因为人们在实际做出一件物品之前已经先在自己头脑里将其构造出来了。"数学在人类文明发展和科学技术进步过程中正是起着这样一种关键作用:在实际做出一件物品之前,先在头脑里将其构造出来。

4. 数学与军事

1990 年伊拉克点燃了科威特的数百口油井,浓烟遮天蔽日,美国及其盟军在实施"沙漠风暴"行动以前,曾严肃地考虑点燃所有油井的后果。美国《超级计算评论》杂志透露五角大楼要求太平洋-赛拉公司研究解决这一问题。该公司利用 Navier-Stokes 方程和有热损失能量方程作为计算模型,在进行一系列模拟计算后得出结论:大火的烟雾可能招致一场重大的污染事件,波及到波斯湾、伊朗南部、巴基斯坦和印度北部,但不会失去控制,不会造成全球性的气候变化,不会对地球的生态和经济系统造成不可挽回的损失。这样才促使美国下定决心。

因此,有人说第一次世界大战是化学战(火药),第二次世界大战是物理战(原子弹),海湾战争是数学战。

数学在军事方面的应用不可忽略。例如,在海湾战争中,美国将大批人员和物资调运到位,只用了短短一个月的时间。这是他们运用了运筹学和优化技术。

计算机有运算速度快、记忆容量大、逻辑判断能力强、计算精度高、自动化程度高等优点,因而从它一诞生起就受到了军事家们的青睐。在海湾战争中,多国部队 38 天的轰炸行动计划,都是使用美国空军的计算机系统实施指挥。开战的第一天,这套系统就显示了不凡的身手:指挥协调几个参战国家的 20 多种、数百架飞机,从几十个机场和航母上起飞,对伊拉克的上千个目标实施了轰炸。海湾战争中,美国对伊拉克实施了一项前所未有的作战措施,对巴格达总司令部的计算机实施计算机病毒攻击。战争前,伊拉克曾从法国一家公司订购了一种打印机,将它用于军事总指挥部的计算机中心。美国谍报人员得知这笔生意后,将一块带有计算机病毒的集成电路偷偷地装入了伊拉克订购的打印机内。这一行为的目的十分明确:使对方的军事指挥系统在战争打响之后彻底失灵。

5. 数学与哲学

数学蕴涵着极其丰富的辩证唯物主义思想素材,在相应的数学知识里,可以让我们更深刻地领会矛盾的观点、运动的观点、相互联系与转变的观点,能更好地揭示特殊与一般、有限与无限、常量与变量、精确与近似、量变与质变的对立统一规律。例如:对于事物的运动与变化,哲学家们常常有这一种说法:"运动就是矛盾","在每一瞬间物体既在一个地方又不在一个地方","事物在一个时刻是自身又不是自身"。这些说法确实具有哲理的启发性与艺术的感染力,但却不具有科学概念应有的逻辑上的严格性。很难理解一个物体在同一瞬间既在一个地方又不在这个地方的准确意义。事实上,在某一瞬间,物体在某一个确定的时刻,在什么地方就在什么地方。用高速摄影机为正在飞行中的子弹拍照,可以作为这一数学观点的佐证。在数学中,函数可以精确地解释事物的运动与变化。古希腊哲学家赫拉克利特曾经说过"人不能两次踏入同一条河流,因为河水在流动,当人第二次踏进同一条河时,已经不是第一次踏进时的河水了。"赫拉克利特用这个生动的比喻说明事物皆在不停的运动变化之中。但严格讲起来,概念上却是不清楚的。同一条河流是什么意思呢? 昨天的黄河和今天的黄河是不是同一条河流呢? 如果是同一条河流,赫拉克利特那句话就错了。如果不是同一条河流,那黄河就变成无数多条河流了。当时与赫拉克利特观点相反的哲学家巴门尼德。他主张存在是静止的、不变的、永恒的,变化与运动只是幻想,巴门尼德的得意门生芝诺,还提出了几个诡论,竭力说明运动必然引起矛盾,因而运动是不可能的。最著名的诡辩是"飞矢不动"。

飞快射出的箭怎么可能不动呢? 芝诺自有他的歪理。箭在每一瞬间都要占有一定的位置,也就是说,每一瞬间都是静止的,既然每一瞬间都是静止的,又怎么可能动呢?

哲学家就分析批判过"飞矢不动"的诡辩。但从数学上看问题,可以最清楚地抓住芝逻诺辑上的漏洞。

古代哲学家对于如何从逻辑上严格把握事物的运动变化和相对地静止与稳定的统一,是不清楚的。或者否定了运动的可能,或者否定了事物运动过程中的相对静止或稳定。

在数学中,函数可以精确地刻画或描述事物的运动变化和相对静止。

从数学角度看,所谓事物就是以时间为主变元,以状态为从变元的一个函数。这样事物就是与时刻对应的无穷多状态的总和。更严格地说,事物是时刻到状态的映射,而时刻变化的范围(时间区间)的大小就是事物的寿命。

　　既然事物在不同时刻可以有不同的状态,我们又怎样知道这不同的状态是同一个事物的状态而不是不同的事物呢? 这就要用到函数的连续性概念,或连续函数的概念了。事物虽有不同的状态,但当两时刻相距越来越近的时候,对应的状态之间差别也越来越小,这叫做连续性。一般地讲,函数可以是不连续的。但描述一件客观存在的事物的映射或函数一般总是连续的。

　　用时刻到状态的连续函数来刻画事物,既能反映事物不停地运动与变化这一事实,又能合理地说明事物在某一变化范围内是自身而不是别的什么这一稳定特点。一方面驳斥了芝诺把事物在某一时刻有确定状态说成是不能变化的诡辩;另一方面也纠正了赫拉克利特把一件事物在不同时刻的状态说成是不同的事物的模糊概念。

　　另外,我们还可以列举大量数学事实揭示哲学上的道理:如常中有变,变中有常,质变量变(质量互变)规律,对立统一规律等。

6. 数学与政治、经济

　　数学在政治、经济领域里同样有着广泛的应用。例如,阿罗不可能性定理(公理化的应用),这一定理的主要思想是:

　　我们社会中的每个人对各种事物都有自己的偏好。由于信息获取的差别和利益的矛盾,每个人的偏好一般不是完全一样的,因此,如何把有差别的个人偏好汇集成一个最终的社会偏好,就成为至关重要的社会问题了。在现代民主社会中,社会选择的方法一般有两种,即投票选举和市场机制(货币投票)。人们通常依据常识认为,社会选择的方法理应满足如下条件:

　　(1) 广泛性。个人对备选方案的所有逻辑上可能的偏好都是许可的,且人的理性选择具有完全性和传递性。

　　(2) 一致性。若社会所有成员都认为一种备选方案优于另一种方案,那么社会即应同样如此认为。

　　(3) 独立性。比如,原来有两名候选人,现在又添加一名候选人,则人们对原来两名候选人的偏好不应受新添候选人的影响。

　　(4) 非独裁性。即不应使单个人的偏好总是自动地成为社会偏好,而不管其他人的偏好与他是如何不同。

　　上述条件似乎是那样自然而合情合理,以致人们常把它们当社会选择方法应该满足的不言而喻的公理。但是,阿罗却证明,不存在任何一种社会选择方法能同时满足上述条件,这就是著名的"阿罗不可能性定理",也称"独裁定理"(阿罗因此而获得诺贝尔经济学奖)。

阿罗不可能定理至少给我们两方面的启示：

一是社会民主问题：不可能定理告诉我们，"少数服从多数"的社会选择方法也不满足上述四条公理。因此我们不能把民主简单地理解为少数服从多数的原则。为了发扬民主，必须进行更加精心缜密地思考与设计。阿罗不可能定理告诉我们，民主并不可能如人们想象的那样能够达到完全的"公意"，而是可以能够防止最坏的事情发生。阿罗不可能定理论证了民主的功能究竟何在。

二是市场机制问题：市场是用货币投资的方式，阿罗不可能性定理表明"市场不可能做出完全合理的选择"。这启发我们，为了克服市场自身无法克服的缺陷，应积极探索与政府的多种有效的联系，特别是政府在市场经济中的宏观调控作用。

此外，阿罗不可能定理对于国家主权、法律和国际关系的研究，乃至对于系统工程和多目标规划的研究，都已经发挥和正在发挥着重大影响。

7. 作为技术的数学

数学在一日千里地发展，现在正是蓬勃发展的数学黄金时代。社会对应用数学的需求与日俱增，特别是为解决实际问题而诞生的种种数学技术，已从过去的"幕后数学编剧"，成为当今的"台前数学主角"。

（1）抗洪斗争

1998 年 9 月 7 日，上海《文汇报》报道："20 吨炸药进入倒计时，最后一刻共和国决策者决定荆江不分洪。"其中有一段是这样写的："由多方专家组成的水利专家组用'有限单元法'对荆江大堤的体积渗漏进行了测算，确定出一个安全系数。照这一系数推定，沙市水位即使涨到 45.30 m，也可以坚持对长江大堤严防死守、不用分洪。"这里提到的"有限单元法"，就是求解微分方程边值问题的一种数学方法。我国已故数学家冯康（1920—1996）是这一方法的首创者之一。他在 1966 年"文化大革命"开始之际发表论文，国内外知道的人比较少。在此同时，西方数学家做出了类似的成果。1982 年国际数学家大会在华沙召开，冯康应邀作 5 分钟报告，这标志国际数学界对冯康首创的"有限单元法"的承认。此会后来因为波兰政治局势缘故延至 1983 年，冯康也因为我国代表权问题未获解决而未去出席。"有限单元法"的用途十分广泛，在 1998 年抗洪斗争中用于大堤的强度计算，是数学技术巨大作用的体现。

（2）粮食问题

中国是世界上人口最多的国家，保证粮食的及时供应是一个非常重要的问题。如果某一年，由于各种原因，我们的粮食产量比较低，不能完全满足需要，我们就要进口粮食,一方面,当中国这样一个粮食大国歉收时,国际市场的粮价就会大幅度飙升;另一方面,如果从国外进口粮食,调拨的工作量又非常大。所以,如果等到夏收秋收都完成,从村、乡、县、省来汇总粮食产量,我们的工作就会比较被动。因此,从20世纪70年代末,也就是在改革开放初期,国务院就提出,有没有可能对粮食总产量进行预报?从那时起,中科院数学研究所就在做这个相当重要的课题。三十多年来的数据表明,数学与统计科学院的有关人员是做得最好的。所谓好,第一是准确,第二是提前。三十年平均误差约为2%。国际上做这方面研究的,比较好的预报误差在5%左右。事实上,粮食预报并不容易,因为它依赖于天气预报。而天气预报,短期的两三天是比较准的,但要预报几个月以后的天气,难度就很大了。而研究小组的预报,夏收和秋收的总产量,在四月底五月初就出来了,差不多提前半年时间。为什么能做到既比较准确,又提前这么长时间呢?就是因为运用了运筹学等数学知识和方法。

(3)数字化电视

1998年5月,上海的《科学》杂志发表中国科学院前院长周光召文章"若干基础科学的发展趋势"。其中有一段提到数学,"作为一门基础学科,数学对当今生产也有巨大作用。例如,在信息传输过程中如何压缩信息是一个重要问题,而数学在这方面就大有可为。现代数学中有一门学问叫做小波分析,它在信息压缩技术中有重大作用。日本在发展高清晰度电视的竞争中落后于美国,就是因为信息压缩技术不够先进。美国应用数学研究成果发展信息压缩技术,在高清晰度电视及网络传输方面领先于日本,成为世界上信息技术最先进的国家。"

众所周知,日本在常规电视生产上占有优势,可是在数字化的高清晰度电视上却败下阵来。1993年,美国有四家集团从事高清晰度电视的方案测试,GI公司、麻省理工学院最先取得突破,以后四家的指标互有长短,但是同时参加竞争的日本"模拟MNESE"方案明显不如美国方案,不得不退出竞争。此后,四家集团合作构成"大联盟"方案,成为数字化电视的制式标准,今后各国必将仿效,这就抢得了未来的商机。正如周光召的文章所说,诞生于美国的小波技术——一种信息压缩的数学技术,在其中起了关键的作用。

(4)通信网络

这是一个真实的故事。20世纪80年代的某一天,著名的美国贝尔电话公司遇到了一件怪事:要求在一片荒无人烟的沼泽地上安装一部电话。要求是北卡罗来纳大学提出来的。这所大学有三个分校,位于一个等边三角形的三个顶点上。按照贝尔电话公司的收费标准,如要在三校之间安装直接可以联络的电话网,需要按三角形的两个较短边长度之和收费。现在大学向贝尔公司提出,要在等边三角形的中心装一部电话,然后将中心和三顶点相连,依照规定,现在的电话费以中心到三顶点连线长度之和收费。假定正三角形的边长是1,那么原来要按长度2交费,而在中心(沼泽地)上安装电话之后,只需按$\sqrt{3}$交费了。

贝尔电话公司的研究部主任意识到,北卡罗来纳大学的能人在向公司挑战。沼泽地上按电话需要花费人力物力,到头来却少收电话费,岂不是赔了夫人又折兵?于是赶紧向北卡罗来纳大学打招呼:沼泽地的电话不装了,电话费照原来的八五折收费,即总和差不多。同时,主任连忙提出一个研究课题:看看贝尔电话公司的收费标准中是否还有别的空子可钻?打八五折收费是否已到了极限?这一研究任务落在一个中国访问学者——来自中国科学院应用数学研究所的堵丁柱的身上。经过一段时间的努力,堵丁柱终于证明:按通信网络中的现行收费标准,不论如何安装新电话,减少收费的比例不会低于$\dfrac{\sqrt{3}}{2}$(近似于八五折)。堵丁柱的数学工作直接成为公司进行决策的一种数学技术。

(5)二战功臣

二战期间,美国陆军航空队找到数学家亚伯拉罕·瓦尔德,希望他帮助解决一个迫切的问题:美军统计执行任务返回的轰炸机上的弹孔时发现,机身上的弹孔最多,发动机上的最少。希望瓦尔德能够计算出,如何增加飞机的抗击打能力。

瓦尔德的答案与预期大相径庭。"在弹孔最少的地方增加防护。"瓦尔德告诉军方,发动机舱弹孔最少,是因为被击中那个位置的飞机根本没法"活着回来"。

这是数学推理作用的精彩例证。

8. 数学与文学研究

数学思维的价值在于创意。复旦大学数学系李贤平教授关于《红楼梦》作者考证的研究工作一直引起人们的关注。自从胡适作《红楼梦考证》以来,都认为曹雪芹作前八十回,后四十回为高鹗所续。《红楼梦》的作者是谁,当然由红学家来考证。但是我们是否可以用数学方法进行研究,并得出一些新的结果来?1987年,李贤平教授着手了这项研究。一般认为,每个人使用某些词的习惯是有规律可循的。于是李教授用陈大康先生对每个回目所用的47个虚字(之,其,或,亦,……,呀,吗,咧,罢,……,的,着,是,在,……,可,便,就,但,……,儿等)出现的次数(频率),作为《红楼梦》各个回目的数字标志,然后用数学方法进行比较分析,看看哪些回目出自同一人的手笔。最后李教授得出了许多新结果：

（1）前 80 回与后 40 回之间有交叉。

（2）前 80 是曹雪芹据《石头记》写成，中间插入《风月宝鉴》，还有一些别的增加成分。

（3）后 40 回是曹雪芹亲友将曹雪芹的草稿整理而成。宝黛故事为一人所写，贾府衰败情景当为另一人所写。

李教授论文中的结论还很多，就不再列举。李贤平教授的数学思维，别具一格，值得我们重新审视。

四、数学的价值

数学的本质和特征，决定了数学的价值。数学在人类文明进程中的贡献充分证明了数学的价值。归纳起来，数学的价值表现在两大方面：一是数学的应用价值。即数学作为科学必须为社会实践服务。如前所述，在物理学中，力学、光学、电磁学、相对论、量子理论与微积分、曲面几何、偏微分方程、非欧几何、希尔伯特空间等是无法分开的。计算机模拟为物理学提供了一个介于理论与实验的中间手段，它非常接近于纯数学。信息科学对所有的科学都产生了深远的影响，而它跟数学的联系至关重要。化学是许多数学难题的源泉，医学上要用到很复杂的工具，需要医生、物理学家和工程师的通力合作，数学则是一个公共的基准点。生物学，像经济学一样，也要用到统计模型，语言学、地理学和地质学则都要用到一些概念和技术，而真正掌握这些概念和技术，又需要扎实的数学基础，不仅如此，数学概念已经进入社会生活的各个层面。可以这样说，数学处处有用，我们到处都需要数学。二是数学的文化价值。即数学作为理论，它在起源、发展、完善和应用的过程中，体现出的对人类发展具有重大影响的方面，它既包括对人的观念、思想和思维方式的潜移默化的作用，也包括在人类认识和发展数学的过程中体现出来的探索和进取精神，以及所能达到的崇高的思想境界，当然也包括对人类思维的训练功能。数学在人类文明中一直是一种主要的文化力量，数学不仅在科学推理中具有重要的价值，在科学研究中起着核心的作用，在工程设计中必不可少，而且，数学决定了大部分哲学思想的内容和研究方法，摧毁和构造了诸多宗教教义，为政治学和经济学提供了依据，塑造了众多流派的绘画、音乐、建筑和文学风格，创立了逻辑学，数学为我们回答人与宇宙的根本关系的问题提供了最好的答案，作为理性的化身，数学已经渗透到以前由权威、习惯、风俗所统治的领域，并取而代之，成为其思想和行动的指南。

在历史上，数学的发展同人类的精神文化发展同步，数学水平往往是一个国家和民族文化素养的智力水平的量度,也是衡量这些国家和民族的经济和科学技术水平的重要尺度之一。

数学的价值决定了数学在教育中的地位和作用,世界各国都非常重视数学与自然的关系,数学文化对人类文明发展的贡献,重视数学的应用,重视数学的教育功能,把数学看成是最重要的教育科目之一。

第二节　数学教育的功能

数学作为人类文化重要的组成部分,对人类文明发展有着举足轻重的作用,是人类文化发展的关键力量。齐民友先生说:"没有现代的数学就不会有现代的文化,没有现代数学的文化是注定要衰落的。"数学作为一种"看不见的文化",除了具有一般文化的价值外,由于数学自身的特点,数学亦具有独特的文化价值,并渗透在数学教育之中。

数学有三个层面:作为理论思维的数学;作为技术应用的数学;作为文化修养的数学。三个层次对不同的人有不同的含义和不同的用途。从事数学研究的人以理论层面为主,强调归纳与演绎;从事工程的人以技术层面为主,强调应用与计算;从事人文科学的人以文化层面为主,强调数学与其他科学的联系,强调数学在人类文明中的作用。

教育的本质是培养学生运用知识的艺术,教育的中心问题是如何使知识保持活力,使学生在知识增加的同时,智力获得同步增长。一个完整的数学教育课程应该包含三个方面:科学、应用和艺术。科学在于求真,培养学生追求真理的勇气、求实的精神和严密的逻辑思维能力和创新能力。应用在于培养学生活用知识的能力,使他们能在自己的专业中使用数学的思想方法,掌握量的思维方式。艺术的作用在于培养学生的想象力、审美力和创造力,并使学生拥有丰富的个性。因此,数学教育可以培养学生四种能力:以简驭繁的能力、审同辨异的能力、判美析理的能力和鉴赏力。

综上所述,数学教育至少在认识、智力、精神、美学等四个方面对人产生重大影响。

数学是思维的体操。数学是一门充满智慧的科学,数学对于人的成长和发展是非常有益的。数学能帮助人抓住事物的共性和本质,能使人懂得如何完善地进行推理,使人思维缜密,养成有步骤地推理的习惯。不仅如此,数学充满了辩证法,形式逻辑思维和辩证逻辑思维的协调发展,有力地提高了人们分析问题和解决问题的能力,提高了人们透过现象看本质的本领,增强了人的洞察力。

数学较其他学科而言,更能使学生得到充实和增添知识的光辉,更能锻炼和发挥学生们探索事理的能力。

数学能使人形成良好的个性品质。由于数学是思维创造的产物,数学活动是思维创造活动,而学习数学是思维的再创造过程,因而,它有益于形成许多良好的个性品质。数学可以激发人们探索自然奥秘的好奇心,能够集中和强化人们的注意力,能给人以发明创造的精细与谨慎谦虚的精神,可以增强学生学习自信心和学习毅力,可以激励学生的意志,培养学生具有不畏艰难、勇于探索的精神。

数学可使人更加热爱自然。数学最早起源于自然,无论是数还是形,都是从自然中抽象出来的,而且数学还通过自己特有的方式,预见自然的发展,透视一般直观所达不到的自然现象,数学在人与自然的和睦相处中,扮演着独特的角色,因而,当人们在贴近数学时,也就贴近了自然。当用数学来表达许多美妙的自然现象时,更增加了人们对自然的热爱,增强了人们探索自然的信心和勇气。

数学使人更加崇尚真理。崇尚真理是现代人重要的品质,数学也需要悬念、猜测、假想,然而数学又不以任何悬念、推测为真理,为了破解一个悬念或证明一个猜想,一代一代的人可以持续奋斗几十年,上百年,乃至更长的时间,如果把探索关于欧氏第五公设的人串起来,那就是一个绵延两千年的探险队,有的人确实是冒着一事无成的巨大风险去探索真理。然而,坚持真理,常常也表现出可贵的勇气。罗巴切夫斯基的新几何由于是超前发现,违反了人们传统的认识,所以当他的新见解发表以后,不可避免地引起当时人们的强烈反应,讽刺、嘲笑、谩骂、诋毁铺天盖地,政府教育部门借机免去他在喀山大学的一切职务,而罗巴切夫斯基没有退却半步,以大无畏的精神,勇敢地捍卫自己的几何学,这种坚持真理的品质永远值得世人学习。

数学更有利于实现人的自我价值。数学,乃至某一个数学问题能够"引无数英雄竞折腰"。人们在追求数学学习目标的过程中,通过对自己的方案进行不断的反思、否定、批判,可以培养人良好的思维品质,培养人正确的科学态度以及独立思考和解决问题的能力。通过对自己进行监控、调整,培养人良好的习惯。所有这些内容对学生追求人生目标、实现自我价值都有迁移和示范作用。

数学可使人得到美的熏陶。学习和研究数学,不但使人得到智育的满足,而且还可以从中得到美的享受,从而能更深刻地理解数学、发展数学。数学除了它的应用价值和文化价值,还有它的审美价值。数学知识的发生、发展过程,数学思想的博大精深,数学的简洁性、对称性、和谐性、奇异性,无不使人感受到数学的无限魅力,数学不仅是一门科学,还是一门艺术,数学用它的语言来表达宇宙的奥妙,使人感受到大自然之美。不仅如此,由数学文化所引出的理性精神,对人类文明所起的巨大作用,使人类自身得到精神上的满足。对数学美的欣赏和追求还能使人表现出极大的热情和献身精神,成为人们生活、工作的准则。

数学有利于提高人的生活质量。当今以计算机为标志的信息时代的到来,要求人们具有更高的数学修养。高科技的发展、应用,把现代数学以技术的方式迅速辐射到人们的日常生活的各个领域。成本、利润、产出、贷款、市场预测、风险估计、存款和保险、股票和债券等一系列经济活动都离不开数学。另外,相当多的职业需要从业人员具有收集、分析、处理信息等方面的能力。因此,可以这样说,人们的生活质量有待于数学知识的丰富而提高。

总之,有文化的公民需要数学,日常生活需要数学,人的职业需要数学,作为文化的数学需要继承和发展,数学已经成为现代人的基本素养。所以,数学无论作为科学,还是作为文化,它在教育中对人的发展起着多方面的作用,且具有不可替代性。

思考题

1.“纯数学的研究对象是现实世界的空间形式和数量关系”,请谈谈你对恩格斯关于数学定义的理解?

2. 数学有哪些特点? 如何理解它们,并能举例说明。

3. 简述欧几里得《几何原本》对数学的贡献以及对人类文明影响? 对此你有何感想?

4. 举例说明作为技术的数学在人类各领域应用;举例说明数学思维的方式不仅能够解释已有的存在,而且还能预见尚未出现的未来。

5. 数学教育有什么价值?

第二章　数学课程概述与新课标简介

第一节　课程和数学课程的含义

什么叫课程？至今还没有一个公认的定义。有的辞书上对课程一词有两种解释：一是指功课的进程，二是指教学的科目，可以指一个教学科目，也可以指学校的或一个专业的全部教学科目或一组教学科目。有人说："课程"这个教育术语，是一个用得最普遍的教育术语，也是一个定义最差的教育术语。有一种比较普遍的说法，是把课程看作"学习者在学校指导下获得的全部经验"。我们认为，这样解释课程是把受教育者在学校范围内所引起的文明行为的养成、思想品德的提高、知识技能的增长、身体素质的改善等都包括在课程的概念之内，而且不限于课内活动，也包括课外活动，但把学习者在家庭和社会所受的影响排除外，这是一种对课程的广义理解，相当于我们所理解的教学计划。较窄一点的理解是把规定在课程表里的各项教学活动算作课程范围之内的。例如，中学数学课程有《初等几何》、《初等代数》、《平面三角》、《平面解析几何》、《立体几何》以及《微积分初步》等。最狭义的理解甚至认为只有为了从学校毕业取得学分而修习的学程，才算作课程。

上面提到的三种宽窄的课程含义，实际上是根据涉及的教育内容来解释的。从教育内容上来说，课程的含义广一点好，这是因为学生所受的教育不仅来自学校，还来自社会、家庭，不仅来自课内，还来自课外。因此，可以认为："课程是按照国家规定的教育方针，根据学生身心发展状况，在一定时期内使学生达到规定的培养目标，完成规定的教育任务所设计的教育内容。"这里的内容，不仅指内容本身，而且还包括内容的安排、以及内容安排实现的进程和期限等。这样，课程既可指一个学习阶段的全部教育内容，如中学课程，也可指一门学科的教育内容，如数学课程、语文课程等。既包括课堂教学内容，也包括课外活动的内容。

为了更清楚起见，我们把"课程"和"教学计划"、"课程标准"、"教材"之间的关系作一说明。"课程"和"教学计划"、"课程标准"、"教材"既有联系，又有区别。其中"课程"的含义最为广泛、概括。也就是说,"课程"包括"教学计划"、"课程标准"、"教材"。而"教学计划"是"课程"的总的规划;"课程标准"是具体学科的规划,例如,中学数学课程标准是对数学学科的规划;"教材"是具体知识内容的体现。

根据上面对一般课程的理解,我们认为,中学数学课程是按照一定社会的要求、教学目的和培养目标,根据中学生身心发展规律,从前人已经获得的数学知识中间,有选择地组织起来的、适合社会需要的、适合教师教学的、经过教学法加工的数学学科体系。

它主要涉及以下三个问题:

第一,选什么内容? 应当选择哪些数学知识作为中学数学课程内容。一般来说,教学内容的选择应根据时代对培养人的要求来进行,时代要培养什么样规格的人才,数学课程就应当选择相应的内容,使所选择的内容能充分满足时代的需要。这就是说,选择课程内容要与社会的政治、经济相适应,要反映这门学科的最基本的规律。

第二,为什么选这些内容? 所选择的内容不仅要具备"社会价值",即满足社会需要,而且还要有"智力价值",即能促进学生的知识、技能、能力、个性品质等方面的形成和发展。

第三,如何安排内容? 内容确定之后,就要确定内容的量、质方面的要求,确定教学时数和教学进程,并把它组织成一个既符合数学的逻辑发展,又符合学生的认知发展的体系。也就是平常所说的做"教学法"的加工。

以此来理解中学数学课程,至少说明了以下几点:

(1) 课程改革的重要性。这是因为课程体现了社会的要求、教学目的和培养目标。要改革教育(教学)必须改革课程。

(2) 要改革中学数学课程,应该从三方面入手,即选什么内容? 为什么选这些内容? 如何安排内容?

(3) 中学数学课程内容是人类已经获得的数学知识的一部分,这决定了学生的数学学习主要是接受前人创造的数学知识。

(4) 数学课程是一个学科体系。作为一个体系,就必须是精心安排组织的;作为一个学科,就必须是符合学生的身心发展规律的,因而要做必要的教学法加工,使学生能够接受。

综上所述,在设置中学数学课程时,必须处理好以下四个关系:

(1) 课程与社会的关系。课程是否反映了社会的要求并符合社会发展的进程。

（2）课程与知识的关系。课程是否反映了数学学科最基本的规律。

（3）课程与学生的关系。课程是否按照学生的心理发展水平，并促进他们的智力和态度等的发展来建立知识结构体系。

（4）课程与教师的关系。课程是否适合教师的教学水平，有利于教师的教学。

第二节　影响中学数学课程设置的因素分析

在第一节的讨论中已经涉及到了影响课程设置的因素，本节将对各因素作具体的分析。影响课程设置的因素是多方面的，既有来自课程内部的因素，又有来自课程外部的一系列因素。这些因素是课程改革、更新、发展的基本依据和必要条件。概括起来，大致有以下六个主要的因素：社会因素、数学因素、学生因素、教师因素、教育理论因素、课程的历史因素。下面我们逐一加以分析。

一、社会因素

教育是一种社会现象，它作为社会大系统的一个子系统，必然要受到社会诸因素的影响。在影响课程发展的诸因素中，再没有比社会因素的影响更大了。社会因素具体地在以下三方面制约着中学数学课程的设置。

1. 社会生产的需要

社会生产的需要是科学技术发展的强大动力，也是课程选择和接受科技成果的主要准则，它制约着课程发展的速度和方法。社会生产的需要越迫切、越普遍，课程发展的步子就越大，速度也越快。

数学是生活、生产的产物。在古巴比伦、埃及和中国，当时的数学只是一些简单的测量和计数法，人们对数学的需求也仅限于此。因此，数学仅作为一种有助于解决各种实际问题的技术而传授给后代的。到了古希腊、罗马时代，由于亚里士多德、柏拉图等思想家和哲学家为了思辨的需要，赋予数学——这种以抽象形式研究自然的知识——以一定的逻辑内容，把数学作为训练学生思维的工具。在 18 世纪中叶，第一次技术革命以前，由于社会生产基本上是以自给自足的小农经济为主，生产力的发展水平决定了对数学的需求极为有限，数学课程内容是非常简单的。而在第一次技术革命后，资本主义大工业代替了手工业生产，促使社会对劳动者的数学知识的要求相应提高，数学不仅成了主要课程，而且内容上相应地有了很大的提高。

当前社会的各方面都迅猛发展,社会的各个领域,尤其是生产领域,都要用到数学,而且应用也越来越广泛,过去一直不用数学的学科,现在开始利用数学了。这就要求数学课程有相应的调整和改变。当今,社会生产对数学要求之强烈,以致数学将成为全社会每一成员的必备知识,这也成了数学课程发展的方向。

2. 科学技术的发展

科学技术的发展不仅意味着社会可能提供更多的教育,而且也意味着社会必须提供更多的教育。科学技术的发展在两方面影响着数学课程的设置:一是科学技术越发达,应用数学的程度就越高,人们就越是要通过数学才能掌握其他的科学和技术,数学课程就应当反映这一点。二是科学技术的发展直接或间接地影响着数学课程内容的改变。课程的设置只能吸收最有价值的科学成果,而科学技术的发展,最有价值的标准也随之改变了,这是对数学课程内容的直接影响;科学技术的发展,教学手段也将随之改变,而教学手段的改变也会引起课程内容的改变,这是对数学课程内容的间接影响。

3. 经济因素

世界经济的发展如同科学技术发展一样,带动着整个社会向前进。现代社会发展的一个重要特征也是定量化。定量化为描述各种经济现象的一个必不可少的手段和工具,一个国家的失业率、就业率、国民生产总值等,无一不是用数学来刻画的。如同数学在科学技术发展中所起的作用一样,数学也决定着一个国家或部门的竞争力,为国家提供了参与竞争的学问。好的经济工作者绝不是定性思维者,他们不仅能进行定性分析,同时还必须掌握对经济现象进行定量描述与分析的科学方法。数学科学不仅能帮助人们在经营中取得效益,而且给人以能力,包括直观思维、逻辑思维、精确计算以及结论的准确无误,这些都是精明的经济工作者所应该具备的素质。

经济理论的发展和研究,经济生活的日益纷繁和复杂,越来越离不开数学的支持,离不开数学的理论和方法以及数学的思维形式。所以,经济的发展对数学课程的影响将是非常具体和深刻的。

总之,数学课程的内容是由社会生产的需要、科学技术的发展和经济条件所决定的,而在内容更新中起决定作用的,则是经济和社会生产的需要。社会因素影响数学课程时,一般不是直接的,而是反映在一定的数学教育的目的要求和数学教育的培养目标上。

二、数学因素

随着数学科学的发展，新的数学理论将不断充实到中学数学课程中，影响数学课程的设置。

欧几里得几何的诞生，大大地冲击了欧几里得以前的数学课程，直到17～18世纪还不能动摇欧几里得几何在学校数学课程中所占的主要地位。到19世纪末和20世纪初，数学有了很大的发展，欧几里得几何在学校数学课程中的地位开始动摇，数学课程内容有了很大的变化。

20世纪，数学产生了惊人的变化，这主要表现在三个方面。

第一，集合论成为各个学科的共同研究基础，纯粹数学转向研究基本的数学结构。

19世纪末叶，德国数学家康托尔最先创造了一般集合论，经过发展，到了20世纪，集合论已成为数学最基本的语言。不管数学所研究的对象如何复杂、抽象，它总是由一些元素组成的集合。有了集合论作基础，纯数学转向研究基本的结构，特别是20世纪20年代法国布尔巴基学派的创立，提出了数学建立在三个最基本的结构之上学说，即代数结构、序结构和拓扑结构。

20世纪的数学，其研究的特点之一，是把各种各样的结构搞清楚，弄清楚彼此间的关系，并设法将同构的集合归并在一起，用不同的结构来区分。

第二，数学抽象化的势头越来越大，分科越来越细，内在联系揭露得越来越深。

20世纪的几何学，以拓扑学的形式进入了新阶段，代数拓扑学和微分拓扑学成了20世纪的"女王"。20世纪的代数学从原先的解代数方程的研究转向群、环、域、理想、模等的研究。20世纪的分析是无限维空间上的微积分，即泛函分析，从原来研究数与数之间的函数关系转向了研究函数与函数之间的关系（算子）。

第三，电子计算机进入了数学领域，推进了数学的发展。

过去认为数学不是实验科学，有了计算机就不同了，很复杂的方程从理论上研究比较困难，但可以利用电子计算机进行数值求解，然后把解画到图上，用静态的图把全过程反映出来，就等于在计算机上做实验。计算机还有一个作用就是用来完成数学上的证明，它影响着纯数学的发展。例如，复杂的四色问题，化成很多很多的小命题，然后放进计算机，逐个进行验证，最后得到结果，因为计算机是在离散状态下工作的，这样为计算机服务的离散数学就蓬勃地发展起来了。近来大学里都增设了离散数学、组合数学等课，而且离散数学发展之快，以致动摇和影响着微积分的地位。

数学的这些发展,将迅速直接地或间接地影响中学数学课程。

直接的影响:现代数学的思想、内容和方法直接渗透到中学数学课程,成为中学数学课程的一部分。例如,讲一点集合论初步,渗透集合论思想和结构思想,学一点数理统计的初步知识,学一点计算机知识和渗透程序思想等。

间接的影响:来自高等学校数学课程的改革。一种教育水平上的变革,必定将引起较低水平的教育的变革,所以高等学校数学课程的改革必定会影响中学数学课程的改革。前面说过,20 世纪以来,数学有了惊人的发展,数学的发展势必要影响大学数学课程甚至其他学科的课程的改革。例如,原来的以微积分为中心的分析,以多项式理论和线性方程(组)论、向量空间为基础的高等代数,以射影几何为主体的高等几何,称为基础"三高"。现在的大学数学基础课程除了这"三高"以外,又加入了泛函分析、抽象代数、拓扑学的"新三高",而且有一种后者逐渐替代前者的趋势。又如,以连续为主的数学受到了以离散为主的数学的冲击,在大学不仅要学连续数学,而且还要学离散数学,这两者的比例还将有所变化。教育具有连续性,大学数学课程的变革,势必要求中学数学课程作相应的变革。

无论是过去、现在,还是将来,学科本身的发展必定要对该学科课程的设置产生影响。

三、学生因素

课程教材的直接服务对象是学生,学生主要是通过教材来获取知识的。因此,学生也是影响课程设置的重要因素。从课程设计的角度来说,学生因素主要包括以下三个方面:

1. 已有的知识水平

影响学习的最重要的因素是学生已经掌握的知识。在设计课程时,需要仔细地考虑学习者所具备的与新的学习任务相切合的概念和技能,学习的顺利进行受背景知识的强烈影响,因此,学生的知识水平影响着课程的设置。

2. 学生的思维水平(能力水平)

课程教材是学生学习的依据。因此,在安排数学课程时,应考虑各年龄段的学生的思维发展水平,既不要超出学生的思维发展水平,又不要迁就学生的接受能力。"新数学"中,如把知识体系搞得过于抽象化和形式化,超出了学生的思维发展水平,这样的课程是达不到教学目的的。同样,课程内容过于简单、容易,也是难以达到教学目的的。

3.学生的认识兴趣

学生的认识兴趣在学习中是一个很有效的因素,它能有效地促进学习。如果学生对学习内容不感兴趣,那么就很难作出持久的努力去学好数学。所以,要让学生学好数学,首先要激发学生的学习兴趣。正像科学史家贝弗里奇在《科学研究的艺术》一书中所说的那样:"从事研究的人必须对科学有兴趣,科学必须成为他生活的一部分,视它为乐趣和爱好"。而激发学生学习兴趣的最有效的办法就是对于学习材料本身感兴趣。因此,在课程的设置中要考虑学生的认识兴趣,加强趣味性,激发学生学习数学的兴趣。

四、教师因素

课程教材是教师教学的依据,教师是把课程内容转化为学生个体的知识经验的直接指导者。教师只有清晰地、深刻地理解教材,才能做到更好地驾驭教材,加强教学的主动性。若教师不能理解课程的主旨,把握不好教材,势必会影响好的课程主旨的贯彻实施和实际的教学效果。因此,教师的水平同样也影响着中学数学课程的设置。具体地来说,教师的水平主要包括两方面:教师的知识水平和教师的教学水平。

1.教师的知识水平

教师要从事数学教育,其知识水平必须达到一定的要求。"新数学"运动失败的原因之一是师资水平跟不上,知识水平上有缺陷,这说明要进行课程改革,必须要和教师的知识水平相适应,否则课程改革就会落空。目前,我国的数学新课程中,逐渐增加了一些现代数学的内容和一些计算机科学方面的内容,这是必要的。但是,有相当一部分的教师由于受本身知识上的局限,不能胜任这些课程的教学,在进行中学数学课程改革时应考虑到这一点。为了适应我国目前师资的状况,一方面,在改革课程的同时要加紧教师的培训工作,另一方面,增加的新内容要适当,要逐渐增加。

2.教师的教学水平

课程设置中,不仅要根据教师的知识水平相应地选择课程内容,而且要根据教师的教学水平在课程体系的安排上做适当的调整。一般来说,教师的教学体系(经过处理后的知识体系)不同于课程教材中的知识体系,教师的教学水平高,就善于处理教材,能把教材体系转化成教学体系;教师的教学水平低,处理教材就有困难,难以形成教学体系。因此,在课程设计时应当考虑教师的教学水平,使得课程、教材有利于教师理解、处理,有利于教学。

五、教育理论因素

新的教育理论是课程改革的动力,每一时期的课程教材都含有当时的教育理论的痕迹。例如,皮亚杰的认识发展理论,使教育家们重新考虑早先中学阶段的课程。尤其是新的课程理论的产生,就会有新课程的实践。也就是说,课程的设置是直接由相应的课程理论决定的。

例如,20 世纪 60 年代,布鲁纳提出了"结构"的课程理论,这在理论上为"新数学"运动的产生准备了条件。"结构"课程理论下的课程,在内容上强调学科的基本结构,在体系上选取螺旋式课程形式,沟通中小学和大学数学课程的联系。

又如,和布鲁纳同一时代的苏联教育家赞可夫提出了发展的课程理论,在苏联的课程改革中产生了很深的影响。

尽管课程教材是一项实践性很强的科学,但它必须有理论指导,忽视这一事实,不重视课程理论研究,在课程的制定和改革中,就会缺乏科学理论的指导,存在不同程度的经验论倾向和盲目性。

六、课程的历史因素

数学课程改革有其历史的继承性。新的课程总是在已有课程的基础上作相应的调整而产生的。大起大落的课程改革必将导致失败,"新数学"运动和"回到基础"运动都是很好的教训。所以,课程改革是一个渐变的过程,原来的课程必定会影响新课程的建立。

第三节　国际数学课程改革回顾

社会的进步,科学技术的发展,必然要求具有与之相适应的数学教育,否则便会引发数学教育改革。由于教学观念的转变和教学方法的改革最终要通过数学课程改革来体现落实,所以课程改革是数学教育改革的核心,也是数学教育改革是否成功的关键。本节通过回顾数学课程改革历史,展望未来发展趋势,以了解数学课程发展的历史轨迹,从而获得有益的启示。

一、克莱茵-贝利运动

20 世纪上半叶传统的中学数学课程存在着许多弊端,严重制约着基础教育与高等教育的发展,也影响了新时代人才的培养。例如,把数学划分为算术、代数、几何、三角等彼此独立的学科,割裂了数学的整体性和内在的联系,不利于学生把握数学的全貌;传统的教学内容基本上是 17 世纪前的常量数学,且因过分强调运算技巧而显得烦琐,学生不仅无法了解近现代数学的发展,而且陷入死记和模仿之中,不能理解数学的实质及数学应用等。

从革新传统中学数学内容出发,以德国数学家克莱茵和英国数学家贝利为代表,于 20 世纪 20～30 年代倡导发起了一场数学教育改革运动,称为克莱茵-贝利运动。改革的基本宗旨是实现数学课程的近代化和教学方法的心理化,实现数学各学科的统一以及理论与实践的统一。改革的基本内容有四个方面:第一,改造传统的几何课程,使之脱离欧几里得《几何原本》的形态,用实验方法和变换方法处理几何内容,强化几何的实用部分;第二,把代数、几何、物理统一起来,沟通数学、物理与生活的联系;第三,把函数观念作为中学数学的核心,用函数思想把代数、几何、三角、解析几何统一为一个整体,成为现代的综合性数学;第四,认为数学教学不应过分强调"形式陶冶",即数学在训练学生思维方面的作用,而"应置重心于应用方面",强调理论与实际的结合。

克莱茵-贝利运动的重点是数学教学内容的改革,对中学数学课程产生了深远的影响。不仅初等函数由此进入了中学数学课程,而且不少国家先后把解析几何与微积分引入了中学数学,有些国家还用变换方法对传统几何教材进行了处理。虽然克莱茵-贝利运动的方向是正确的,有些很有价值的实验也取得了明显的成果,但由于第一、二次世界大战相继爆发等原因,运动没能进行到底。尽管如此,克莱茵-贝利运动毕竟冲破了传统中学数学课程的体系,为 50 年代后期在世界范围内兴起的数学教育现代化运动奠定了基础。

二、新数学运动

1945 年二战结束后,世界上虽然仍有时断时续的局部战争,但绝大部分国家得以集中精力发展经济,并取得了显著的成就。于是,从 20 世纪 50 年代末起世界便进入了以原子能技术、电子技术和计算机为特征的第三次科技革命新时代。新的时代不仅提出了数学科学的现代化问题,而且新的发展趋势从不同的角度冲击着教育,对教育提出了新的挑战和新的要求。为新时代培养新型的人才,这就是新时代赋予教育的新的使命,"改革教育,改造中学课程内容,提高教育质量"便成为世界各国普遍关注的重大课题,这就是 20 世纪 50 年代末到 60 年代世界各大国先后掀起教育改革浪潮的历史背景。

1957 年 11 月 4 日,苏联第一颗人造地球卫星发射成功,引起了全世界特别是美国的强烈震动。早在二战中美国的许多将军就发现自己军队中的大学生数理化基础很差，不能适应军事科学技术发展的需要，他们曾为此大声疾呼并受到社会各界的关注。一些美国议员在 20 世纪 50 年代中期考察苏联的教育改革后也指出："教育已成为冷战的特征之一，俄国的教室、图书馆和教学法，对我们的威胁可能比我们的氢弹还要厉害"，这些舆论更引起了美国上下的重视。恰逢此时苏联的人造卫星发射升空，使美国极为震惊，认为这是"科学技术上的珍珠港事件"，他们立即采取各种措施，开展了新的教育改革。

1958 年，美国国会通过了《国防教育法》，规定由国家拨巨款发展科学和教育事业，并强调加强数学、理科和外语等"新三艺"的教学。同年，在美国数学协会和全美数学教师联合会的倡导以及政府的资助下成立了"学校数学研究组"，全面负责全美的中学数学教材研究和实验。美国的改革在 20 世纪 60 年代很快波及到西方所有国家，各国纷纷编写新的数学教材，形成了声势浩大的数学教育现代化运动，即新数学运动。

1959 年 11 月，欧洲共同市场在法国的罗瓦奥蒙召开了数学教育改革研讨会，出席会议的有美、英、法、西德等 17 个国家的代表。美国芝加哥大学的斯通在开幕词中指出："多年来很少有所变化的数学课程，现在正面临着重大的带根本性的转变，对中学和大学低年级的数学内容有必要重新进行认识。"这次会议肯定了中学数学课程改革的必要性，并提出了许多改革的方案。会议之后，共同市场组织一大批专家编写了理科的《中学数学现代化大纲》，西方各国纷纷建立了中学数学课程的专门研究机构，迅速掀起了遍及整个西方的大规模的数学教育现代化运动。

1960 年 4 月，英国在南安普顿召开了数学新教材编写会议。剑桥大学出版社于 1961 年出版了由数十名数学教育专家拟定的《学校数学设计》，并出版了相应的中学数学课本，简称 SMP 教材，对中学数学课程进行了重大改革。在此后的十几年间，英国出版了包括中学数学课本、教师参考书、学生参考书与家长参考书在内的数十种 SMP 书籍和教材，在世界产生了广泛的影响，SMP 组织也成为英国从事中学数学教材编写工作的最大的机构。与英国的 SMP 教材相呼应，美国的"学校数学研究组"也于 1962 年编写出了新的中学数学教材，并进行了大规模试验。

1961 年 12 月，在哥伦比亚首都圣菲波哥大召开了美洲国家数学教育会议，几乎全部美洲国家都派代表参加了会议。在这次会议的推动下，数学教育现代化运动在美洲迅速兴起并蓬勃开展起来。

1962 年 8 月，联合国教科文组织下属的国际数学联盟在瑞典召开了国际数学会议。受国际数学联盟委托,美国的凯梅尼向会议报告了 21 个国家中学数学课程改革的情况,引起了世界各国的普遍重视。在国际数学会议之后,联合国教科文组织在匈牙利的布达佩斯召开了美、英、苏、法、日等 17 个国家参加的国际数学教育会议,交流各国数学课程改革的情况。同一个时间,国际数学教育委员会在斯德哥尔摩召开了更大规模的会议,21 个国家介绍了本国数学课程改革的进展。在上述会议的推动下,世界性的中学数学课程改革在 60 年代形成了高潮。

从 1962 年到 1970 年,世界各国竞相实施数学课程的改革,范围不仅从中学扩展到大学和小学以及幼儿园,而且从美国扩展到欧洲、美洲乃至整个世界。例如,1964 年召开了东南亚数学教育改革会议,1967 年苏联公布了《新数学教学大纲》,1968 年—1970 年日本陆续颁布了小学、初中和高中的《新数学教学大纲》,这些国家都依据新大纲编写了新的中小学数学教材,对数学课程内容进行了根本性变革。

1969 年 8 月,国际数学教育委员会在法国里昂召开了有 37 个国家参加的会议,主题是数学教育的广泛改革。会议认为,数学教育改革不仅包括数学课程内容方面,还应扩展到教学方法方面;数学课程的改革也不应局限于中小学,而应扩大到大学和师范院校。在会议精神的推动下,数学教育改革运动的范围不断扩大,形成了全球性数学教育现代化运动的高潮。

1980 年 8 月,国际数学教育委员会在美国的伯克利举行了第四次会议,会议对新数学运动进行了分析总结和评价。

(1)新数学运动的成绩。20 世纪 20 年代—30 年代开展的克莱茵-贝利运动和 50 年代—70 年代兴起的新数学运动,核心都是中学数学课程的改革。如果说克莱茵-贝利运动为新数学运动奠定了基础,新数学运动则是克莱茵-贝利运动的延伸和发展,目的都是实现中学数学课程的现代化,其改革的方向无疑是正确的。

新数学运动实现了中学数学课程内容的深刻变革,这种变革主要表现在三个方面:

第一,增加了近现代数学的内容,缩小了中学数学与现代数学之间的距离。不仅集合论、数理逻辑、近世代数、微积分、概率统计、计算机等学科的初步知识开始进入中学数学教材,而且多数国家在加强数学基础和数学应用的结合上实现了对中学数学课程的改造。

第二,精简和改造了中学数学的传统内容,特别是欧几里得几何。1959 年 11 月,在欧洲共同市场于罗瓦奥蒙举行的数学教育研讨会上,法国数学家迪厄多内门,提出了"欧几里得滚蛋"的主张,尽管在取消还是保留欧氏几何的问题上,新数学运动并未取得一致的意见,但世界各国却有着精简和改造欧氏几何的共同意向。例如,法国基本废弃了欧氏几何,改用线性代数方法处理几何内容;西德取消了欧氏几何,代之以变换几何;美国虽然基本保留欧氏体系,但引入了伯克霍夫-比尔泰公理体系对欧氏几何进行改造;苏联也基本保留欧氏体系,但引入了变换和向量的方法。

第三,用结构主义观点处理中学数学的体系,把代数、几何、三角等组成统一的数学课程。

(2)新数学运动的不足。其一,过多地增加近现代数学的内容,过分强调抽象概念和抽象理论,导致了学生学习的困难和过重的课业负担;其二,过多地削减传统数学的内容特别是几何学的内容,重演绎推理轻直觉和归纳等似真推理,不利于学生思维能力的培养;其三,新数学课程的内容适合于成绩较好的学生学习,但忽视课程的弹性,不能适应不同学生的需要;其四,过分强调数学的抽象性与严谨性,忽视了数学的实际应用;其五,迅速推进大面积的数学课程改革,却忽视了对教师的培训,致使多数教师不能胜任新数学的教学,不少地方出现了数学教学质量滑坡的现象。

新数学运动的缺陷归结为一点,就是脱离了当时中学数学教学的实际,因而在20世纪70年代受到了广泛的批评。尽管新数学运动在部分国家遭受了挫折,但其现代化的方向和改革的主题却得到世界各国的赞同,从而为80年代新的数学教育改革奠定了基础。

三、"回到基础"和"大众数学"

"新数学"运动之后,人们对数学教育改革进行了认真的总结与思考。20世纪70年代,提出了"回到基础"的口号。20世纪80年代以来,数学教育领域空前活跃,数学课程理论研究不断深入,各国均以建立适应新世纪数学教育为目标,根据本国具体情况,提出了各种课程改革的方案与措施,涌现了许多对目前及未来数学课程改革有重大影响的新思想、新观念。概括起来有以下两个方面。

1. 数学为大众

在"新数学"运动中,崇尚结构主义的数学课程是为少数精英设计的,致使多数学生学不好数学。人们逐渐认识到,数学应成为未来社会每一个公民应当具备的文化素养,学校应该为所有人提供学习数学的机会。在此背景下提出:"Mathematics for All"(译为"数学为大众"或"大众数学")的口号逐渐流行开来。1984 年,第五届国际数学教育会议上正式形成"大众数学"的提法。1991年初,美国总统签署了一份《美国 2000 年教育规划》的报告,提倡让所有人都有效地学习数学的大众数学思想。在我国,随着九年制义务教育的全面实施,数学教育界一批年轻学者对大众数学意义下的数学课程的设计进行了探索与研究,取得了丰硕的成果。

大众数学意义下的数学教育体系所追求的教育目标就是让每个人都能够掌握有用的数学,其基本含义包括以下两个方面。第一,人人学有用的数学。没有用的数学,即使人人能够接受也不应进入课堂。因此,作为大众数学意义的数学教育,首要的是使学生学习那些既是未来社会所需要的,又是个体发展所必需的;既对学生走向社会适应未来生活有帮助,又对学生的智力训练有价值的数学。我们不可能让学生在校期间仅仅学习从属于哪一种价值(或需要)的知识,而必须设计出具有双重价值乃至多重价值的数学课程。第二,人人掌握数学。实现人人掌握数学有多种措施,而"大众数学"意义下实现人人掌握数学的首要策略就是让学生在现实生活中学习数学、发展数学。因此,必须删除那些与社会需要相脱节、与数学发展相背离、与实现有效的智力活动相冲突的,且恰恰是导致大批数学差生的内容,如枯燥的四则混合运算、繁难的算术应用题、复杂的多项式恒等变形以及纯公理体系的欧氏几何。同时,在突出思想方法,紧密联系生活的原则下增加估算、统计、抽样、数据分析、线性规划、图论、运筹以及空间与图形等知识,使学生在全面认识数学的同时,获得学好数学的自信。

有学者认为,大众数学的基本目标的实现,关键在于相应课程的设计与实施。大众数学意义下的数学课程改革不能仅仅局限于对现行教材的增加或删减,而需要寻求新的思路,概括起来有以下几点:① 以反映未来社会公民所必需的数学思想方法为主线选择和安排教学内容;② 以与学生年龄特征相适应的大众化、生活化的方式呈现数学内容;③ 使学生在活动中、在现实生活中,学习数学、发展数学。

2. 以问题解决为核心

1980 年 4 月,美国数学教师协会公布了一份名为《关于行动的议程》的文件,文件提出,"必须把问题解决作为 20 世纪 80 年代中学数学教学的核心"。同年 8 月,该协会又提出中学数学教育行动计划的建议,指出:

(1) 数学课程应当围绕问题解决来组织;

(2) 在数学中问题解决的定义和语言应当发展和扩充;

(3) 数学教师应当创造一个有利于问题解决的课堂环境;

（4）对各年级都应提供问题解决的教材；

（5）数学教学大纲应当通过各年级讲数学应用，从而提高学生解决问题的能力。

1982年，英国数学教育的权威性文件 *Cockcroft Report* 响应了这一口号，明确提出数学教育的核心是培养解决数学问题的能力，强调数学只有被应用于各种情况才是有意义的，应将"问题解决"作为课程论的重要组成部分。随后各国纷纷响应，如1989年3月，日本《学习指导要领》新的修订本中，正式将"课题学习"的内容纳入其中，使"问题解决"的思想以法律的形式固定下来。"课题学习"就是以"问题解决"为特征的数学课，特别强调创造能力、探索能力、解决非常规问题的能力的培养。在1988年召开的第六届国际数学教育会议上，"问题解决、模型化和应用"成为七个主要研究课题之一，其课题报告明确指出，问题解决、模型化和应用必须成为从中学到大学所有所学数学课程的一部分。现在，问题解决已成为世界性的数学教育口号，可以说，在数学教育历史上，还从来没有一个口号像"问题解决"那样得到如此众多的支持。我国数学问题解决有较长的历史，从九章算术问题的研究，到目前解题技能技巧的训练，都离不开数学题。传统的观念总把数学题与技能训练紧密联系在一起，把解数学题与应付考试紧密相连。然而，在世纪之交提出的"问题解决"，承担着中学数学教学核心的重担，其内涵已有了质的变化。

一般认为，"问题解决"的含义可以从三方面加以解释：其一，"问题解决"是数学教学的一个目的。重视问题解决的培养，发展学生的解决问题的能力，最根本目的是通过解决问题的训练，让学生掌握在未来竞争激烈、发展迅速的信息社会中生活、生存的能力与本领。当问题解决被认为是一个目的时，它就独立于特殊的数学问题和具体的解题方法，而是整个数学教学追求的目标。当然，这必然会影响到数学课程的设计，并对教学实践有重要的指导作用。其二，"问题解决"是个数学活动过程。也就是说，通过问题解决，让学生亲自参与发现的过程、探索的过程、创新的过程。在这个过程中，一个人必须综合使用其所有的知识、经验、技能技巧，以及对新问题的理解，并把它运用到新的、不熟悉的、困难的情境中去。这一种解释的出发点是，我们不能只教给学生现成的数学知识，而应让学生体验把现实中的数量关系进行数学化的解决问题过程，通过这一过程以掌握解决问题的策略与方法，掌握学习的方法，培养与发展收集、使用信息的能力。其三，"问题解决"是个基本技能。这种解释与我们对问题解决的传统理解相统一，但它并非是单一的解题技能，而是一个综合技能。它包括对问题的理解，求解的数学模型的设计，求解方法的寻求，以及对整个解题过程的反思与总结。

"问题解决"的教学指导思想已渗透到许多国家的教学实践之中,美国数学教师进修协会拟订的《中学数学课程与评价标准》把"问题解决"作为评价数学课程和教学的第一条标准,英国的数学课程也贯穿着"问题解决"的精神,不再具有"公理—定义—定理—例题"这种纯形式化的叙述体系,而渗入了更多的非形式化的以解决问题为目标的学习活动。英国的 SMP 教材系列中,有一册名为《问题解决》的学生用书,该书包含数学探求、组织你的工作、数学模型、完成你的探究、数学论文、新的起点等方面内容。全书就是告诉学生如何处理所遇到的数学问题。在这样的国际背景下,我国数学教育界也采取了相应的行动,编写了第一本并非以应付考试为目的的中学数学问题集,作为学生的辅导读物,对中学数学教学产生一定的积极影响。

第四节　我国数学新课程介绍

一、新课程标准的背景

中国的数学教育具有优良的传统。新中国成立以来,特别是在改革开放以后,我国数学教育的研究与实践取得了丰硕的成果。通过几代人的努力,我国的数学教育取得了举世公认的成绩,中小学学生学习勤奋、基本功扎实、基础知识和基本技能熟练等,逐步为国际数学教育界所关注。但与时代的发展和数学教育的基本要求相比,我国中小学数学教育还存在着一些亟待解决的问题。在课程上,教学内容相对偏窄、偏深、偏旧;学生的学习方式单一、被动,缺少自主探索、合作学习、独立获取知识的机会;偏重书本知识、运算技能和推理技能的学习与训练,缺少对学生学习的情感、态度以及个体差异的关注,忽视学生创新精神和实践能力的培养。

今日世界,科学技术迅猛发展,信息已经成为重要的经济资源,全球经济一体化进程急剧加快,国际间综合国力的竞争日趋激烈,"科教兴国"已经成为我国的基本国策。这一切都与作为科学技术基础的数学休戚相关。21世纪的公民面临着更多的机会和挑战,需要在大量纷繁复杂的信息中做出恰当的选择与判断,必须具有一定的收集与处理信息、做出决策的能力,同时能够进行有效的表达与交流。数学素质成为公民文化素养的重要组成部分。同时,随着社会的发展,"终身学习"和"人的可持续发展"等教育理念进一步得到人们的认同,数学教育观面临着重大变革。20 世纪中叶以来,数学自身发生了巨大的变化,特别是数学与计算机的结合,使得数学在研究领域、研究方式和应用范围等方面得到了空前的拓展。数学不仅帮助人们更好地探求客观世界的规律,同时为人们交流信息提供了一种有效、简捷的手段。数学作为一种普遍适用的技术,有助于人们收集、整理、描述信息、建立模型,进而解决问题,直接为社会创造价值。数学是人们在对客观世界定性把握和定量刻画的基础上,逐步抽象概括,形成方法和理论,并进行应用的过程,这一过程充满着探索与创造、观察、实验、模拟、猜测、矫正和调控等,如今已经成为人们发展数学、应用数学的重要策略。

数学教育的国际国内现状,数学的应用越来越广泛,这一切都在推动着我国的数学教育进行新一轮改革。

二、《全日制九年义务教育数学课程标准(实验稿)》简介

2001 年 7 月,教育部颁布了《全日制义务教育数学课程标准(实验稿)》(以下简称《课标(实验稿)》),这个《课标(实验稿)》作为我国 21 世纪初期数学教育工作的纲领性文件,考虑了当代科学技术的发展、数学自身的进展、教育观念的更新;中小学生数学学习的心理规律等多方面因素对数学教育的影响,结合当时数学教学现状,系统地给出了未来 10 年内我国数学教育的基本目标和实施建议,为新一轮数学教育改革指明了方向。

1. 关于基本理念

(1) 义务教育阶段的数学课程力图实现:人人学有价值的数学;人人都能获得必要的数学;不同的人在数学上得到不同的发展。其含义在于:学生所学习的数学应当是"与学生的现实相联系的、学生感兴趣的、富有数学内涵的,特别地,有利于促讲学生的一般发展与个性发展";这些内容也是该年龄段的学生所能够掌握的;同时,在数学学习方面具有特殊需要的个体应当能够通过数学学习获得最适合自身发展所必需的数学。

(2) 有效的数学学习活动主要表现为自主探索与合作交流,而可以是复制与强化。因此,向学生提供的数学学习内容应当是有利于他们从事观察、实验、猜测、验证、推理与交流等数学活动的素材,而不是供他们模仿与记忆的对象。

(3) 对学生数学学习的评价是为了全面了解学生的数学学习状况、激励他们的学习,改进教师的教学。评价的功能更多地在于了解学生的"纵向发展"——今天比昨天的进步、明天还需要发展的方向,而不是"横向比较"——张三排在李四的前面。评价时既要关注学习结果,更要关注学习过程;既要关注学习水平,也要关注在数学活动小学生所表现出来的情感与态度,以帮助他们

认识自我,建立信心。值得注意的是:

评价不等于考试,考试也不等于书面测验。建立评价目标多元化、评价方法多样化的评价体系。为此,《课标(实验稿)》中特别提倡为每一个学生建立"成长记录",意在全方位地了解他的数学学习状况,"成长记录"中应当收录这样一些内容(第87页):自己特有的解题方法、印象最深的学习体验、最满意的作业、探究性活动的记录、单元知识总结、提出的有挑战性的问题、最喜欢的一本书、自我评价与他人评价等。

(4)现代信息技术的发展,对数学教育的价值、目标、内容以及学与教的方式所产生的影响,应当在数学课程的设计与实施中得到重视。应当把现代信息技术(特别是计算器、计算机)作为学生学习数学和解决问题的强有力工具,使得学生可以借助它们完成复杂的数值计算、处理更为现实的问题、有效地从事数学学习活动,最终,使学生乐意并将更多的精力投入到现实的、探索性的数学活动中去。

需要注意的是,信息技术不应该作为学生数学理解和直觉思维的替代物,即不应当用计算机上的模拟实验来代替学生能够从事的实践活动(如在计算机上模拟"倒砂子实验",以使学生理解等底等高的圆柱体和圆锥体体积之间的关系),不提倡利用计算机演示来代替学生的直观想象,来代替学生对数学规律的探索。

2.关于课程目标

促进学生的终身可持续发展是义务教育的基本任务,为此,"标准"提出了四个方面的数学课程目标:知识与技能、数学思考、解决问题、情感与态度,并且对各自的内涵及其相互关系作了较为详尽的阐述。这里特别提醒注意以下几点:

(1)知识与技能方面的目标,包括知识技能目标与过程性目标。通常,我们比较熟悉并能够把握的是知识技能目标,因为它是一种"看得见、摸得着"的东西——学会一种运算、能解一种方程、知道一个性质(定理)……,而过程性目标,即"经历——活动"有一点"摸不着边",经过了一段较长时间的活动,学生似乎没学到什么"实质性"的东西,只是在"操作、思考、交流",它真的那么重要吗?我们应当如何理解它的含义与重要性呢?下面的例子或许可以给我们一些启示。

(2)促进学生的终身可持续发展是义务教育的基本任务。"标准"明确将"数学思考、解决问题、情感与态度"列为课程目标,并且对它们作了较为详尽的阐述。可以认为,这是"标准"的一个特色。以往,它们只是被视为学生从事数学知识与技能学习过程中的一个"副产品",即学生数学学习的主要任务在于掌握数学知识与技能、能力的培养,特别是情感与态度方面的发展是在知识的学习过程中"顺带"进行的,一旦在"知识学习"与"情感态度的发展"之间产生冲突时,后者自然地退位,以服从于前者。新"标准"则明确地把四个方面的目标并列起来,作为义务教育阶段数学课程的整体目标。

(3)《课标(实验稿)》对四个方面课程目标之间的关系作了特别说明:

首先,"以上四个方面的目标是一个密切联系的有机整体,对人的发展具有十分重要的作用。"换言之,课堂中的数学教学活动,作为实现课程目标的主要途径,应当将课程目标的这"四个方面"同时作为我们的"教学目标",而不能仅仅关注其中的一个或几个方面,比如知识与技能、解决问题等。

其次,"它们是在丰富多彩的数学活动中实现的。其中,数学思考、解决问题、情感与态度的发展,离不开知识与技能的学习,同时,知识与技能的学习必须以有利于其他目标的实现为前提。"

三、课程改革的争鸣

1. 关于课标研制组的结构

《课标(实验稿)》参与讨论的学者、教师覆盖面广。参与《课标(实验稿)》制订、实施情况讨论的专家学者不仅有研究数学科学的,也有研究教育科学的;既有搞理论研究的,也有基础教育一线的数学教师,还有搞理论与实践相衔接的高师院校的教师;既有经济发达地区的,也有边远地区的。但是,从标准研制的人员组成结构来看,不够科学合理。研制组没有数学家的参与,难以形成对数学本质完整准确的理解和把握,没有能很好地征求数学家的意见,特别是合理汲取不同的意见。同时,缺少富有教学经验的一线教师实质性的参与,因而许多看似好的"理念"严重脱离教育实际。更为针锋相对的说法是:实际上在整个研制过程中,从不汲取不同的合理化意见,甚至不通知、拒绝不同意见者参与讨论。

2. 关于数学教学中"数学化与生活化"

根据新课标编写的教材通过大量的资料引入数学知识,让人"耳目一新",教师反映数学教材"像卡通书一样,好看了,学生也喜欢看了"。但是,数学味不浓了,数学教材不讲数学,或者说不以传授数学知识为主,那还能称是数学课吗?新课标提倡数学教育实践中重视游戏与活动,以其取代系统学习,让儿童从玩中学,这在学前教育、小学低年级也许是可行的,但在小学高年级以后则不可取。新教材通过情景设计,"贴近生活",密切数学与现实生活的联系,但一过头就会走向反面,一个学期的教材,竟达 200 多页,零碎的数学知识淹没在花花绿绿的画面和大量的生活实例中,"降低了数学水平,对理解数学没有多大作用"。

3. 关于数学中的证明

新课标一个特点是淡化了数学的证明,特别是削弱平面几何的教学,将证明改为"说理",其意图是降低形式化要求,"让学生更容易掌握","数学中的证明不局限于几何,代数也有证明,这样可以让学生拓展对数学证明的理解"。数学证明这种思想方法原本是人类文明进程中产生的科学、简明的"说理"方式,同时也是数学中最为重要的一种思想方法。舍其不用,数学教育的独特思维训练价值又能体现在何处? 此外,数学的特点是严密,数学的思维方式、数学的精神能使人们养成缜密、有条理的思维方式。强调让学生自主探索、观察、实验、猜测、验证等,本身并不错但绝不能代替数学上严格的证明。

4. 以学生为本,让学生"有所收获"

在义务教育阶段,主要是通过主动学习来让学生得到发展。新教材体现了时代气息,教材图文并茂,符合儿童年龄和认知特点,内容现实,练习题有挑战性、创造性、开放性。让学生亲自实验、操作,参与到教学的全过程,让学生体验数学的发现过程,激发了学生的学习兴趣 。一线教师反映,"课堂气氛活跃了,学生学习数学的积极性调动起来了,但是教学的效果反而下降了,一节课下来,学生什么也没学会。"学生动手多了,但动脑少了。课堂气氛活跃,学生参与到教学过程中来,只是表面现象,课堂教学中有相当一部分的同学不管懂与不懂只是凑热闹,没有或很少有实质性的智力活动参与到教学过程中。"只要不考试,就没问题,一考就露真容了,学生什么都不会!"有人甚至认为导致数学成绩普遍下降。

5. 关于数学学习中的情感和意志

激发学生的学习兴趣,学生觉得数学与他们的生活联系密切了,学生变得爱学数学了,学好数学的自信心也增强了。应当认真反思数学课程中"难、繁、偏、旧"的问题及其造成这种状况的原因,数学中存在一些非常古老(例如平面几何的内容、实数的有关内容等)但却是学生终身发展所必需的内容,其中有些虽然比较难学,但仍应让学生学习。总体上看,数学学习是一项艰苦的智力劳动,不下苦功是不行的。当然,这些内容的呈现与表述,应当与学生的心理发展水平相适应,应当用现代数学思想为指导,从而使古老的内容焕发出时代青春。勤奋刻苦是中华民族的优良传统,数学学习需要付出艰辛的劳动。在学习数学的过程中,常常会遇到许多困难,只有通过自己不懈的努力,才能领略到数学的真谛。这有利于培养人们顽强意志和探索精神,这在新课标中没有得到正面的引导。也有人认为,"情感体验"作为一种教学研究,无可非议,但将它作为国家课程标准就不合适。让学生热爱数学、学好数学,这首先要让学生有良好的数学修养,让学生从数学学习的本身获得乐趣,而不是从一些与数学无关的材料中让学生觉得数学"好玩",这只能让学生学会浮燥、华而不实。

6. 关于学生学业负担

删减了一些"难、繁、偏、旧"的内容,减轻了学生的负担。由于考试与评价不匹配,许多地方、学校同时使用新旧两套教材,新增加的内容要学,删减的内容还要学,结果导致教师不知道如何教,无所适从。新课程和新教材低估了学生的理解能力,使得教材内容越来越少,而面对升学压力,教师需要补教许多书本上没有的知识,家长又不得不花大的价钱将孩子送进各种课外补习班。

7. 关于课标教材数学知识的处理

有人认为,内容广而浅,难度成螺旋形上升,按学段提出目标要求,适应不同水平层次和不同阶段的学习,教师把握有余地和有较强的弹性。为学生提供了积极思考与交流合作的情境,也有利于师生互动,为活跃课堂教学活动提供了机会。① 知识跳跃性太大。对学生思维水平估计太高,教材思维过程没有了,让学生自己去想,只是一个理想化的愿望,脱离学生的实际,结果总成两极分化,在一般中学,出现大量的不及格现象。② 作业难度没有梯度。大多数是简单的模仿,数学学习表面上看是变得简单了,但实质上是对学生的要求下降了,结果学生什么也没有学到。③ 知识与方法没有系统性,不利于学生掌握。数学是自成体系的,系统性是数学的一个重要特征,缺乏系统性训练的数学学习必然会导致两极分化现象。甚至有人认为,新课程从整体上降低了学生的数学水平。

8. 关于教师的适应性

新教材深受一线教师的欢迎,教师99%以上的适应或基本适应。数学课上不讲数学,让学生"活动"、"动手","动脑"成了副产品,教师在教学中的作用和地位在哪里?教师越来越不明白,有些教师甚至反映,变得不会上课,更不知道如何去评价学生。

总而言之,新颁布的全日制义务教育课程标准有这样几个比较好的地方:

第一,从数学内容而言,它比较希望突出数学内容的形成性和应用性,特别希望体现一些数学文化的味道。第二,从数学过程的组织形式而言,它希望加强学生探索、交流、自主发展的份量。第三,从尊重学生认知规律而言,突出体现为试图分解知识的难点,降低难度,"螺旋式"上升。主要是在两个大问题上比较困惑:一是教学内容的取舍与顺序调整的理由不清晰;二是教学要求和目标与学生认知规律的协调性存在问题。改革首先应该让数学老师们真正认识到数学本身的力量和美丽,然后他才能够去把自己对数学的爱表达出来,这样一种表达,就能够提高我们整个民族的数学能力,这才是我们教改的基本想法。但是,很多地方的改变,只是为了让学生喜欢而强调"喜欢",为让学生活动而"活动",让学生参与而"参与",弄得很热闹,结果学生不知道数学是什么,这样的一种教法,或者一种改革,就是为了更好地"讲数学"的经验和观念不完全一致,如果将数学内容抽离了,那这些理念和经验,只是一个形式化的空壳而已。

四、《义务教育数学课程标准(2011 年版)》简介

《义务教育数学课程标准(2011 年版)》(以下简称《课标(2011)》)是对《全日制义务教育数学课程标准(实验稿)》的继承与发展,在体例与结构、前言与理念、课程目标、内容标准、实施建议等方面均作了修改,突出对学生创新意识的培养,提出"四基、四能"等目标,给出十个核心概念,在注重直接经验、自主探究的同时,也关注间接经验、教师讲授的作用,同时关注直观与抽象的统整,演绎与归纳的结合。但评价、硬件、教师理念等问题仍然成为《课标(2011)》实施中的障碍。

1. 新增或变化情况

(1) 关于"数学"的定义。《课标(2011)》明确给出了"数学"的定义:数学是研究数量关系和空间形式的科学。《课标(实验稿)》把"数学"定义为:是人们对客观世界定性把握和定量刻画、逐渐抽象概括、形成方法和理论,并进行广泛应用的过程。将数学作为人类"数学化"组织现实世界的活动系列,定义有些泛化。

(2) 关于数学观。《课标(实验稿)》在"基本理念"中论述其数学观:"数学是人们生活、劳动和学习必不可少的工具……,数学模型可以有效地描述自然现象和社会现象;数学为其他科学提供了语言、思想和方法……;数学在提高人的推理能力、抽象能力和创造力方面有着独特的作用;数学是人类的一种文化"。阐明了数学的工具观、模型观、语言观、方法论观、思维场观和文化观。

《课标(2011)》将对数学的理解提前至"前言"第一节,"数学更加广泛地应用于社会生产和日常生活的各个方面……数学作为对于客观现象抽象概括而成的科学语言与工具,不仅是自然科学和技术科学的基础,而且在人文科学和社会科学中发挥着越来越大的作用……数学是人类文化的重要组成部分"。《课标(2011)》论述不及《课标(实验稿)》全面,但强调了"数学与人文"的融合。《课标(实验稿)》强调学生对"数学化"过程的经历,即"经历将实际问题抽象成数学模型并进行解释与应用的过程"。《课标(2011)》"发挥数学在培养人的思维能力和创新能力方面的不可替代的作用"则奠定了课标修改的基调——关注创新、关注思维。

(3)关于课程内容。《课标(2011)》新增"课程内容",从内容选择、内容组织、内容呈现上予以表述。内容选择上要求结果与过程并重、知识与思想并重,要贴近学生实际;内容组织上要处理好过程与结果、直观与抽象、直接经验与间接经验的关系;内容呈现上要体现出层次性与多样性。与《课标(实验稿)》强调"学习内容应当是现实的……应有利于学生的观察、实验等数学活动"相比《课标(2011)》,呈现出一定的回归倾向,即吸收传统数学的精华元素。

(4)关于教学活动。与《课标(实验稿)》强调数学活动、学生探究相比,《课标(2011)》呈现出"学生探究与教师讲授相融合"的回归倾向。如"认真听讲、积极思考、动手实践、自主探索、合作交流等都是学习数学的重要方式";"教师应注重启发式和因材施教……处理好讲授和学生自主学习的关系。"课标同时突出了对学生良好数学学习习惯的培养,以及数学学习方法的掌握。

(5)关于课程目标。从"双基"到"四基",《课标(实验稿)》提出"重要数学知识(包括数学事实、数学活动经验)以及基本的数学思想方法和必要的应用技能",《课标(2011)》提出"数学的基础知识、基本技能、基本思想、基本活动经验",明确提出了"四基"概念。四基的核心在基本思想,基础在基本活动经验,都根植于"数学活动"的开展,判断数学活动质量的标准是看活动中思维的参与程度。从"两能"到"四能",《课标(2011)》在《课标(实验稿)》"分析问题、解决问题"的基础上增加了"发现问题、提出问题"目标,爱因斯坦说:"提出一个问题往往比解决一个问题更为重要……提出新的问题,新的可能性,从新的角度去看旧的问题,需要创造性的想象力"。"两能"到"四能"体现了对学生创新意识与创新能力培养的要求。

(6)关于十个核心概念。《课标(2011)》提炼出数学十个核心概念,可以帮助教师在教学中更好地把握数学本质。

数感:指关于数与数量、数量关系、运算结果估计等方面的感悟。建立数感有助于学生理解现实生活中数的意义,理解或表达具体情境中的数量关系。

符号意识:符号意识的要求具体体现于符号理解、符号操作、符号表达和符号思考四个维度。能够理解并且运用符号表示数、数量关系和变化规律,知道使用符号可以进行运算和推理且得到的结论具有一般性,理解符号的使用是数学表达和进行数学思维的重要形式。

空间观念:指对物体及其几何的形状、大小、位置关系及其变化建立起来的一种感知和认识,空间想象是建立空间观念的重要途径。

数据分析观念:指学生在有关数据的活动过程中建立起来的对数据的某种"领悟",由数据做出推测的意识,以及对于其独特的思维方法和应用价值的体会和认识。

推理能力:主要是合情推理能力和演绎推理能力。合情推理用于探索思路、发现结论;演绎推理用于证明和整理结论。学生在数学思维和问题解决过程中要认清两种推理方式的不同的功能。

应用意识:指一种用数学的眼光、从数学的角度观察、分析周围生活中的问题并积极寻求解决问题的心理倾向或思维反应。一方面,当学生遇到现实问题时能主动地想到用数学的思想方法去解决;另一方面,当学生学到一个新的数学理论时能主动思考新的理论在社会实践中的应用。

几何直观:指利用图形描述和分析问题。借助直观图形支撑数学的抽象思维,逐步发展学生的数学素养。

模型思想:模型思想通过数学建模的实践活动来达到。从现实生活或具体情境中抽象数学问题,用数学符号建立方程、不等式、函数等表示数学问题中的数量关系和变化规律,再通过观察、分析、抽象、概括、选择、判断等数学活动,完成模式抽象,得到模型,最后通过模型去求出结果并讨论结果的意义。

运算能力:指能够根据法则和运算规律正确地进行运算的能力。培养运算能力有助于学生理解运算的算理,寻求合理简洁的运算途径解决问题。特点是正确、有据、合理、简洁。

创新意识:一种主动去探索、发现的心理倾向。发现和提出问题是创新的基础;独立思考、学会思考是创新的核心;归纳概括得到猜想和规律,并加以验证是创新的重要方法。

总之,《课标(实验稿)》的理念为中国的十年数学课程改革起到了旗帜性的导引作用,"三个人人、自主探究、合作交流、数学教学是数学活动的教学"等话语为每一位数学教师耳熟能详,课改前后的数学课堂变化是巨大的,更富有灵性与活力。《课标(2011)》是对《课标(实验稿)》的继承与发展,表现在:第一,在实验稿强调应用意识的基础上,又将"创新意识"写入到核心词当中;第二,《课标(2011)》在关注自主探究的同时,也将教师的启发式讲授放到了重要位置;第三,《课标(2011)》强调科学与人文的融合,抽象与直观的结合,演绎与归纳的并重,过程与结果的兼得,力图实现新课程理念与传统数学教学精髓的融合。

不可否认的是,评价的瓶颈始终没有突破,课程、教学理念的变革不能逃避"升学"这个话题;"削枝强干"中的"干"具体所指内容还不够清晰,减负不能依靠过度"削枝";软硬件环境限制了一些理念的充分开展,大班教学、硬件缺失促使我们反思精讲、变式等传统教学的合理之处;教师对理念的理解仍然存在着偏差,课堂教学中情境、探究、合作形式化严重,提高教师专业素养及其对新课程理念的理解成为当务之急。数学课程改革任重而道远,任务艰巨,"雄关漫道真如铁,而今迈步从头越"。

2."双基"发展为"四基"

从"数学的基础知识、基本技能"的"双基"发展为"数学的基础知识、基本技能、基本思想、基本活动经验"的"四基"。早在教育部 2001 年 6 月 7 日颁发的《基础教育课程改革纲要(试行)》(以下简称为《纲要》)中,就规定了基础教育阶段所有课程应该努力达到的三维目标,即"知识与技能"、"过程与方法"、"态度情感与价值观"这样 3 个维度的目标。因此,义务教育数学课程的课程目标首先应该符合上述三维目标;同时,还要结合数学学科的特点把它们具体化。新中国的数学基础教育,历来重视"双基",即要求学生基础知识扎实,基本技能熟练,这是正确的,其历史贡献也是应该肯定的,所以《课标(2011)》中的"四基"继续保留和强调了"双基"。但是,对于"双基"的内容,即对于什么是学生应该掌握的"基础知识"和"基本技能",在"知识爆炸"的时代,在现代信息技术突飞猛进的时代,在获取知识、技能的渠道大大增加的时代,应该与时俱进。过去提到数学的"双基"时,通常是指:数学的基本概念、基本公式、基本运算、基本性质、基本法则、基本程式、基本定理、基本作图、基本推理、基本语言、基本方法、基本操作、基本技巧,等等。但是许多年来,"双基"概念一直在发展中深化。至 2000 年,中华人民共和国教育部制定的《九年义务教育全日制初级中学数学教学大纲(试验修订版)》中的表述,数学"基础知识是指:数学中的概念、法则、性质、公式、公理、定理以及由其内容所反映出来的数学思想和方法。基本技能是指:能够按照一定的程序与步骤进行运算、作图或画图、进行简单的推理"。并且,"双基"在此已经是与思维能力、运算能力、空间观念等相互联系表述的。在"知识爆炸"的时代,对于过去数学"双基"的某些内容,如繁杂的计算、细枝末节的证明技巧等,需要有所删减;而对于估算、算法、数感、符号意识、收集和处理数据、概率初步、统计初步、数学建模初步等,又要有所增加,这就是数学"双基"内容的与时俱进。

那么,为什么有了"双基"还不够,现在还要增加两条,成为"四基"? 这可以有三个理由:第一,因为"双基"仅仅涉及上述三维目标中的一个目标"知识与技能"。新增加的两条则还涉及三维目标的另外两个目标"过程与方法"和"态度情感与价值观";第二,因为某些教师有时片面地理解"双基",往往在实施中"以本为本",见物不见人,而教育必须以人为本,新增加的"数学思想"和"活动经验"就直接与人相关,也符合"素质教育"的理念。第三,因为仅有"双基"还难以培养创新性人才,"双基"只是培养创新性人才的一个基础,但创新性人才不能仅靠熟练掌握已有的知识和技能来培养,获得数学思想和活动经验等也十分重要,这就是新增加的两条。

3. 数学"基本思想"的内涵和外延

什么是数学思想? 数学发生和发展所依赖的思想,每一个数学知识都伴随着一定的数学思想。就是人类在揭示某一个数学事实时,想出了什么,怎么想的,为什么这样想。包括数学知识产生的原因或背景,数学知识的来龙去脉(源与流),数学知识的内在联系,数学规律的发现过程,数学思想方法的提炼,数学理性精神的体验等。比如,欧几里得做出了伟大的创造:筛选定义、选择公理、合理编排、逻辑演绎,就像一位建筑师,建起了一座宏伟的数学大厦——《几何原本》,其意义不完全是《几何原本》里的定义或定理,重要的在于为人类奠定了一个崭新的思维模式——数学的公理化思想。

数学的基本思想包括:数学抽象思想、数学推理思想、数学模型思想。

(1) 数学抽象思想

所谓数学抽象,就是利用抽象的分析方法,把大量生动的关于现实世界空间形式和数量关系的直观背景材料,进行去粗取精、去伪存真、由此及彼、由表及里的加工和制作,提炼数学概念,构造数学模型,建立数学理论。数学抽象本质上是数量和数量关系的抽象,图形和图形关系的抽象。整个数学实际上就是研究这两种关系。由"数学抽象思想"派生出来的思想类型很多:分类的思想、集合的思想、符号的思想、对应的思想、有限无限的思想等。

(2) 数学推理思想

什么叫推理? 推理是从一个或几个已知判断,得出另一个新判断的思维形式。任何推理都包含前提和结论两个部分。

① 演绎推理

演绎推理，又称演绎法，它是从一般性较大的前提，推出一般性较小的结论的推理。简单地说，演绎推理是由一般到个别、特殊的推理。

② 归纳推理

归纳推理，又称归纳法，它是从一般性较小的前提，推出一般性较大的结论的推理。简单地说，归纳推理是由个别、特殊到一般的推理，是由个别或特殊场合的知识推出一般原理的推理方法。归纳推理包括不完全归纳推理和完全归纳推理两种形式。

③ 类比推理

类比推理又称类比法。它是根据两个或两类对象有部分属性相同，从而推出它们的其他属性也相同的推理。简单地说，类比推理是由特殊到特殊的推理，是由特殊场合的知识推出特殊场合的知识的推理方法。有时也称是两类事物之间的归纳推理。

由"数学推理的思想"派生出来的有：归纳的思想、演绎的思想、公理化思想、数形结合的思想、转换化归的思想、联想类比的思想、普遍联系的思想、逐步逼近的思想、代换的思想、特殊与一般的思想，等等。

(3) 数学模型思想

什么是数学模型？数学模型是针对或参照某种事物系统的主要特征、主要关系，用形式化的数学语言，概括地或近似地表述出来的一种数学结构。这里所说的数学结构，有两个方面的具体要求：一方面，这种数学结构，必须是一种纯关系结构，也就是必须经过数学抽象，舍弃与关系无本质联系的一切属性；另一方面，这种数学结构，必须是借助于数学概念和数学符号来描述的结构形式。数学模型是从现实世界中抽象出来的，是对客观事物的某些属性的一个近似的反映。数学模型的含义比较广泛，通常有广义和狭义两种解释。首先，从广义上看，一切数学概念、数学理论体系，各种数学公式，各种方程式，各种函数关系，以及由公式系列构成的算法系统等，都可以称为数学模型，因为它们都是从各自相应的现实原型中抽象出来的。按狭义的解释，只有反映特定问题或特定的具体事物系统的数学关系结构才叫做数学模型。构造数学模型的目的，主要是为了解决具体的实际问题。所以，有人说："数学模型是沟通数学与外部世界的桥梁，是用数学语言表达生活中的故事。"

"数学模型思想"派生出来的有：简化的思想、量化的思想、函数的思想、方程的思想、优化的思想、随机的思想、统计的思想等。

4. 数学"基本活动经验"内涵和外延

使学生获得数学的基本活动经验,也确实应该作为数学课程的一个重要目标。数学教学,本质上是师生共同进行数学活动的教学,所以学生获得相关的活动经验当然应该是数学课程的一个目标。特别是,其中有些精神"只能意会,难以言传"(默会知识),必须要学生自己在亲身经历的过程中获得经验;有些内容虽能言传,但是如果没有学生在数学活动中亲身体会,理解也难以深刻。但是《课标》并没有展开阐述"数学的基本活动经验"有哪些内涵和外延,这也给研究者留下了讨论的空间。

什么是数学活动经验?"活动经验"与"活动"密不可分,所说的"活动",当然要有"动",手动、口动和脑动。它们既包括学生在课堂上学习数学时的探究性学习活动,也包括与数学课程相联系的学生实践活动;既包括生活、生产中实际进行的数学活动,也包括数学课程教学中特意设计的活动。"活动"是一个过程,因此也体现出不但学习结果是课程目标,而且学习过程也是课程目标。其次,"活动经验"还与"经验"密不可分,当然就与"人"密不可分。学生本人要把在活动中的经历、体会总结上升为"经验"。这既可以是活动当时的经验,也可以是延时反思的经验;既可以是学生自己摸索出的经验,也可以是受别人启发得出的经验;既可以是从一次活动中得到的经验,也可以是从多次活动中互相比较得到的经验。关键的是这些"经验"必须转化和建构为属于学生本人的东西,才可以认为学生获得了"活动经验"。所说的"活动"都必须有明确的数学内涵和数学目的,体现数学的本质,才能称得上是"数学活动"。教师的课堂讲授、学生的课堂学习,是最主要的"数学活动",这种讲授和学习,应该是渐进式的、启发式的、探究式的、互动式的。此外,还有其他形式的"数学活动",例如学生的自主学习,调查研究,独立思考,合作交流,小组讨论,探讨分析、参观实践,以及作业练习和计算工具的操作等。

还应该强调的是,学生在进行"数学活动"的过程中,除了能够获得逻辑推理的经验,还能够获得合情推理的经验。例如,根据条件"预测结果"的经验和根据结果"探究成因"的经验,这两种经验对于培养创新人才也是非常重要的。所以,数学活动的教育意义在于,学生主体通过亲身经历数学活动过程,能够获得具有个性特征的感性认识、情感体验,以及数学意识、数学能力和数学素养。让学生获得"数学活动经验",还能够培养学生在活动中从数学的角度思考问题,直观地、合情地获得一些结果,这些是数学创造的根本,是得到新结果的主要途径,数学活动经验并不仅仅是实践的经验,也不仅仅是解题的经验,更加重要的是思维的经验,是在数学活动中思考的经验。因为,创新依赖的是思考,是数学活动中创造性的思维,而思维方法是依靠长期活动经验积累获得的,思维品质是依靠有效的、多方面的数学活动改善的,并不是仅仅依靠接受教师的传授获得的。

爱因斯坦说:"独立思考是创新的基础。"获得数学活动经验,最重要的是积累"发现问题、提出问题"的经验,以及"分析问题、解决问题"的经验,总之,是"从头"想问题、思考问题、做问题全过程的经验。学生形成智慧,不可能仅依靠掌握丰富的知识,一定还需要经历实践及在实践中取得经验。数学思想也不仅在探索推演中形成,还需要在数学活动经验积累的基础上形成。数学的基本活动经验可以按不同的标准分成若干类型。比如,有的学者把它分为如下四种:直接的活动经验、间接的活动经验、设计的活动经验、思考的活动经验。直接的活动经验是与学生日常生活直接联系的数学活动中所获得的经验,如购买物品、校园设计等。间接的活动经验是学生在教师创设的情景、构建的模型中所获得的数学经验,如鸡兔同笼、顺水行舟等。设计的活动经验是学生从教师特意设计的数学活动中所获得的经验,如随机摸球、地面拼图等。思考的活动经验是通过分析、归纳等思考获得的数学经验,如预测结果、探究成因等。学生只有积极参与数学课程的教学过程,经过独立思考,经过探索实践,经过合作交流,才有可能积累数学活动经验。《课标》中还专门设计了"综合与实践"的课程内容,强调以问题为载体,让学生在综合运用知识、技能解决问题的实践中获得数学活动经验,在学生获得数学的基本活动经验的过程中,就必然有情感态度与价值观的提升。这样,"四基"就全面体现了《纲要》中"三维目标"的要求。

"四基"不应仅仅看作是4个事物简单的叠加或混合,而应是一个有机的整体,是互相联系互相促进的。基础知识和基本技能是数学教学的主要载体,需要花费较多的课堂时间。数学思想则是数学教学的精髓,是统领课堂教学的制高点,数学活动是不可或缺的教学形式与过程。此外,"四基"既然比原来增加了两条,那么,在教学评价上也应该给数学思想和数学活动以适当的位置和空间。《课标(2011)》在"四基"的表述前用了"获得适应社会生活和进一步发展所必需的"这样一个限制性定语,这一方面避免了在"四基"的名义下不适当地扩大教学内容,另一方面也强调了学生获得数学"四基"的现实意义和长远意义。其现实意义是:学生适应社会生活所必需;其长远意义是:学生进一步发展所必需。如果数学课程能够使学生获得适应社会生活和进一步发展所必需的数学的基础知识、基本技能、基本思想、基本活动经验,那么培养全面发展的创新性人才就具备了很好的条件。

值得一提的是,教育部(2014 年)文件《关于全面深化课程改革,落实立德树人根本任务的意见》,其中提到:研究提出各学段学生发展核心素养体系。对于已经出版的《高中课程标准》明确要求:要把学科核心素养贯穿始终。这样,就有了学科核心素养,进而有了数学核心素养。《普通高中数学课程标准(2017版)》定义数学核心素养为:学生应具备的、能够适应终身发展和社会发展需要的、与数学有关的关键能力和思维品质。数学教育的终极目标(与人的行为有关):会用数学的眼光观察现实世界,会用数学的思维思考现实世界,会用数学的语言表达现实世。数学眼光就是数学抽象、直观想象,它的特征是数学的一般性;数学思维就是逻辑推理、数学运算,它的特征是数学的严谨性;数学语言就是数学模型、数据分析,它的特征是应用的广泛性。于是把数学抽象、直观想象、逻辑推理、数学运算、数学模型、数据分析看成是六个核心素养。

思考题

1. 名词解释:"三维"数学目标;数学"四基";数学"四能"。

2. 数学"双基"为何要发展为"四基"? 说说你对"数学基本思想"和"数学基本活动经验"的理解。

3. 叙述《义务教育数学课程标准(2011 年版)》中的"十个核心概念"和《普通高中数学课程标准》中的"六个核心素养"的基本内涵?

4.《义务教育数学课程标准(2011 年版)》与《全日制义务教育数学课程标准(实验稿)》对比有哪些主要变化?

第三章　数学教学基本知识

在数学教学实践活动中,需要讨论的问题很多,其中包括如何实现教学的目标,如何贯彻教学的原则,如何体现教学的思想,如何组织学生的学习活动,以及如何考核与评价学生的学习效果等。本章重点论述与课堂教学密切相关的三个问题,即数学教学过程及其本质、数学教学模式和数学教学方法。

第一节　数学教学过程

数学教学,是教与学双方为了实现预定的教学目标而进行的一系列活动的过程。为了确切理解教学过程的涵义,我们先分析一下教学过程中的基本要素。

一、数学教学过程中的基本要素

教学过程,是师生双方的一种特殊交际活动。在这个过程中,最基本的要素如下:

1. 教师及其传授活动

在教学过程中,教师的职能是依据信息的传递规律,把从课标、课本以及其他教学参考资料中得到的信息,凭借自己的知识经验对其进行加工,并且根据学生的水平和学习规律,采用一定的方式与手段,把这些加工后的信息与经验传授给学生。因此,教师的传授活动包括确定具体的传递任务,选择必要的传授内容与方式,使学生掌握知识并形成相应的能力与态度。

2. 学生及其接受活动

学生在教学过程中的任务是接收来自教师、教材或其他来源的知识信息,以形成自身的能力与态度。学生的接受活动是通过听讲、讨论、练习、思考等外显或内隐的形式,主动接受传递的信息,整合已有的知识经验,增强学习活动的自我调节机制,并把学习知识的质量和思维发展的程度等有关信息反馈给教师。

3. 知识经验及其媒体

知识经验是教学过程中的传递对象。由于知识经验本身不是物质,所以必须赋予一定的物质形式才能传递,传递知识的载体称之为媒体。有学者把教学过程中各种各样的媒体归纳为言语系统与非言语系统两类。言语系统媒体包括口头语言、书面语言;非言语系统媒体如模型、教具、图表,以及表情、手势等形体语言。在数学教学过程中,师生双方对传递知识经验的媒体的选择与运用是否恰当、合理,很大程度上决定了知识经验传递(教或学)的质量。

在数学教学过程中,上述三个基本要素相互依存,相互制约,相辅相成,这种关系构成了独特的教学结构。首先,就教师及其教学活动来说,教师的教必须受学生学习活动规律的制约,必须考虑数学学科教学内容的特点,教什么,怎么教,不能单纯从教师主观愿望出发,教师必须从学生学习数学知识的规律出发,精心组织教材,设计合理的教学活动过程,采用恰当的教学方式,并对学习的结果进行科学、可靠的考核与评价。实践证明,不考虑数学学习规律的教是徒劳无功的,有时甚至会对学生的学习起阻碍作用。遵循学习规律的首要前提是尊重学生在学习活动中的主体作用,让他们掌握学习的主动权,任何越俎代庖的注入式教学都是错误的。另一方面,学生的学必须接受合乎教学规律的教的指导,以减少不必要的盲目探索。当然这种接受必须是积极的、主动的,对于数学学习来说,这一点尤其重要。在数学教学过程中,知识经验是传递的对象,而经验的传递必须借助于物质化的媒体才能进行,其中教材是最主要媒体之一。教学过程中不仅存在着教与学双方的相互制约关系,而且存在着教学主体(教师与学生)与教学客体(教材)之间的相互制约关系。在数学教学中,这种制约关系主要表现为教与学两种角色的活动必须根据不同的教学内容,采取符合该内容独特的学习规律的活动方式,才能取得较好的教学效果。这是因为知识经验的传递不同于物质传递,不能单纯通过物理传递模式来进行,必须通过教与学双方对信息的一系列加工处理的心理模式来进行。在数学学习中,这种心理模式主要表现为数学思维。对于不同的学习内容(如数学概念、命题、方法等),所要解决的问题及进行的思维活动均不尽相同,有着各自的学习规律。因此,教师应根据不同的教学内容,确定相应的教学要求,设计相应的教学活动,以求得最佳教学效果。

二、数学教学过程的动态结构

教学过程的动态结构可分为宏观的动态结构与微观的动态结构。宏观的

动态结构立足于教学的总体规划与设计,通常包括以下四个方面:

(1) 制定整体教学纲要;

(2) 制定各门课程的标准;

(3) 选编教材;

(4) 制定教学质量考核办法。

微观的动态结构是针对一个知识单元来设计的,反映了师生双方在课堂内外的具体教学活动内容。这里主要介绍微观的动态结构。

教学过程的微观动态结构一般由下列因素构成:

(1) 确定教学目标,即确定教学结束时所要达到的状态,一般称终末状态;

(2) 了解学生已有的状态,即了解学生的原有水平,也叫原有状态;

(3) 制定课堂教学计划,其中包括组织教学内容,确定教学的组织形式,选择教学的方式方法及传递经验的媒体;

(4) 进行教学活动,即执行教学计划;

(5) 确定考核教学成效的内容及方式,以确切了解教学的实际效果;

(6) 对教学成效作出确切评价。

在上述六个因素中,"确定教学目标"与"了解学生已有准备状态"是制定"教学程序计划"的前提。教学活动的作用,就是要消除或缩短教学应该达到的目标与学生原有水平之间的差距,即改变原有状态,向教学目标所确定的终末状态变化。"教学计划的制定"就是要采取各种有效措施,创设必要的外部条件,组织有关的学习活动,对教学内容进行必要的教学法加工,以促使学生从原有状态向预定目标变化。教学活动是教学计划的实践执行过程,"考核与评定"则是对教学活动成效的客观鉴定。可见,制定教学程序计划是动态结构中关键性的因素。

第二节　数学教学及其本质

就像研究数学教育的价值问题一样,数学教学的本质又是一个非常重要的问题,是每位数学教师和数学教学研究人员十分关心的问题。数学教学的本质是什么?按照列宁在《哲学笔记》中的观点,规律和本质这两个概念,是同一序列、同一等级的概念。规律是一种具有本质性的内部联系,是现象运动中本质的东西,因此找到了事物的本质,也就接近于找到了它的规律。为了寻找数学教学的规律,当然可以从研究数学教学的本质开始。事物的本质可以在事物的运动和发展中去寻找。因此,数学教学的本质可以在数学教学这个概念的运动和发展中去寻找。

概念是在发展中存在的,并且概念的每一次发展都给概念以新的生命力。

新中国成立以来,数学教学这个概念在我国经历了三次重大发展。

第一次,"数学教学"被理解为传授数学知识的过程。第二次,"数学教学"被理解为传授数学知识和培养能力的过程。第三次,"数学教学"被理解为传授知识、培养能力和转变态度的过程。

迄今为止,这三种说法是并存的,并且每一种说法的本身又在不断地发展着。下面我们对此作简单的分析。

"数学教学是传授数学知识的过程"。

如今,"数学知识"这个词已经不被狭义地理解为课标和教材所规定的数学内容,而被理解为数学内容以及内容所反映出来的数学思想和方法。即数学知识=数学内容+数学思想方法。

这种理解是"数学知识"这个概念的发展,它给"数学知识"这个概念以新的生命力。

巴甫洛夫认为,"方法可以推进科学"。数学思想方法是数学的灵魂,它的重要性可以从中学数学教材的结构、当前数学教学现状以及历史上数学思想方法的几次重大转折去探讨。

中学数学教材的结构中存在着课标所规定的全部数学内容以及该内容所反映出来的思想和方法。常见的有化归思想、分类思想、递推思想、部分调整思想、基本量思想、运动变化思想、整体思想等,为了实现诸思想,有换元法、配方法、消去法、分割法、待定系数法、映射法、参数法、数学归纳法、解析法、形数结合法、构造法、迭加法乃至各种变换(对称、平移、旋转、相似变换等)。此外,当然还要有与其他学科共用的推理方法(演绎、归纳、类比等)和证明方法(分析法、综合法、直接证法与间接证法等)。而且,中学数学教材的每一章节,乃至某个练习题的解答,往往都是这种有机组合的具体表现。这种数学内容、数学思想和数学方法的有机组合就是数学知识。学生在学习和掌握这种知识的过程中,逐步形成再学习的能力。然而,由于数学思想方法寓于数学教材内容之中,不是所有教师都是在同一水平上掌握和运用数学教材的,因此,有进一步强调其重要性的必要。

目前,我国数学教学中普遍仍然存在"两重两轻"现象,即重数学内容的传授,轻数学思想方法的渗透;重具体的、特殊的解题方法,轻一般性的、功能性强的解题方法。其结果,陷入"题海",出现"见树不见林"现象。这也是当前数学教学质量提高缓慢的重要原因之一。

数学思想是数学的灵魂，它的重要性还可以从历史上数学思想的几次重大转折去看：从算术到代数、从代数到几何、从常量数学到变量数学、从连续数学到离散数学、从有限数学到无限数学、从必然数学到或然数学、从"明晰"数学到模糊数学，以及从手工证明到机器证明等。历史上的这几次重大转折，首先是数学思想方法的转变，这种转变还表明了数学的发展不仅是量的发展，还有质的飞跃。

"数学教学是传授数学知识和培养能力的过程"，这是数学教学这个概念进入第二发展阶段的说法。

根据数学这门学科的内容和特点，在20世纪我国数学教学大纲科学地规定了三项基本能力：思维能力、运算能力、空间想象能力。自20世纪50年代以来，中间经过1958年的调整、整顿和"十年动乱"，对三项基本能力的要求始终没有明显改变，这是十分难得的。当然，在具体提法上，稍有变化。关于思维能力，曾用过逻辑思考、思维力、判断力、逻辑思维、逻辑推理能力等。自1978年《全日制十年制中学数学教学大纲》颁布后，便改称为逻辑思维能力。此后，人们不仅研究了逻辑思维与数学教学的关系，还开始研究直觉思维以及形象思维与数学教学的关系。

学生在数学学习中经常要借用直觉去思考，运用直觉去添置辅助线，去寻求问题的解法。思维敏捷的学生，常表现出较强的直觉思维能力。由于单一思维论的影响，长期以来形象思维似乎与数学家、自然科学家无缘，以致用计算机来处理各种理论问题时势如破竹，而用来处理图像领域中问题时则寸步难行。因此，著名科学家钱学森在论述抽象思维的研究成果对科学文化发展的推动作用的同时，指出"我们一旦掌握了形象思维学，会不会用它来掀起又一次新的技术革命呢？"

这说明，人们对各种思维能力的认识发展了，而我国数学教育界也在这个发展中前进。

关于运算能力的认识亦复如此。最早是用"计算能力"这个词来表述的，很快就发现不行了，就改为运算能力。数学运算一直是数学这门科学的重要课题，在历史上它随着数学的发展而发展，逐步体现出数学的高度抽象性、严密的逻辑性和广泛的应用性。从小学到中学，数的运算范围逐步在扩大，从整数、分数和小数的四则运算，扩大到实数和复数的运算。与此同时，又从数的运算发展到式的运算、集合的运算、命题的运算。随着这种运算对象的发展，运算法则也在发展。于是，"运算"这个概念在逐步抽象化并得到广泛的应用。变换也被理解为运算：因式分解被称为恒等变换，解方程（组）、解不等式（组）实际上是做同解变换,平面直角坐标系下的平移变换和旋转变换都是运算。同时,变换也可以作为运算的对象。例如,旋转变换可以看作是对称轴相交的两次对称变换的积;平移变换可以看作是对称轴平行的两次对称变换的积。

空间想象能力这个概念也在发展中。该能力已不再简单地理解为识图的能力,空间结构代数化也正在酝酿和实现中。

除了上述三项基本能力外,还提出自学能力、分析问题和数学应用能力等。

总之,对"数学是传授知识和培养能力"这种说法,在人们的实践和认识中一直在发展着,这是客观存在,是不依人们的意志为转移的。

"数学教学是传授知识、培养能力和转变态度的过程。"这是对数学教学这个概念的又一次发展。在这里,"态度"有两类含义:

其一是指非智力因素,是针对目前中学生对数学的厌学情绪要亟待转变而言的。

其二是指对数学的根本态度和应具备的数学头脑(数学观念)。

从数学史来看,对数学有两种根本态度(或两种数学观)。一种是形而上学的数学观,另一种是辩证唯物主义的数学观。这两种数学观的分歧集中在对以下四个问题的看法上:数学的基础、数学悖论的实质、数学现象的实在性、数学的真理性。数学发展史也表明,数学观对数学的发展进程有影响。同样,对一个人来说,数学观也直接影响他对数学的认识。

当然,对中学数学来说、对中学生来说,更重要的数学态度是指数学观念的建立。

数学观念是指用数学的眼光去认识和处理周围事物,要让数学关系变成学生的一种思维模式。所谓思维模式,是人们思维时所遵循的某种样板或格式。例如,黑格尔的三段式(正题、反题、合题),毛泽东的两点论,就是两种不同的思维模式。还有杨献珍的"合二而一"的思维模式。中国古代算卦就是《易经》的阴阳八卦的运用,是古代人的一种思维模式。思维模式有些是思维者自己创造的,有些则是思维者本身并不自觉地意识到,但又不等于他的思维没有模式,人们在思维时常要模拟某种事物。例如,万物有灵论者在思考自然界时,把自然万物都设想成和人一样,都是有灵的,人就成了他们的思维模式。还有的人喜欢把一切社会关系都比做打仗,用军事术语来说明各种实践活动,军事行动就成了他的一个思维模式。而数学家则善于或习惯于把什么都归结为数学关系,数学关系就成为他的一个思维模式。笛卡儿就曾经有一个期望,要将任何种类的问题划归为数学问题,再将任何种类的数学问题划归为代数问题,最后再将任何种类的代数问题划归为单个方程的求解。十七世纪初,笛卡儿就是用这种思维模式创设了解析几何方法(亦称笛卡儿模型)。这种善于或习惯于把什么都归结为一个数学关系的思维模式是一种十分重要的数学观念;或者说,这种强烈的"用数学"的意识是一种十分重要的数学观念。目前课堂教学中学生所要做的只是理解那些"需要"理解的数学内容,解决那些"需要"解决的问题,而这种"需要"常常是教材上规定的,或教师们提出的,旨在使学生熟悉数学的有关定义、定理,熟练所学公式的操作型问题虽然这也是必要的,但整个教学过程中学生很少感受到自我需要的意识。导致只有在数学课堂内才感受到数学的存在,或者在考场中才感受到它的威力,在大多数场合下并没有感受到数学的存在和威力。学生学了十多年数学,而感受不到它的存在,这种学习数学的态度要转变。

在我国,"数学教学"这个概念还在发展中。例如,有人提出,"数学教学是传授知识、培养能力、转变观念和个性品质形成的过程。"不仅承认数学是改造客观世界的工具,也承认数学是改造主观世界的工具。

总之,数学教学这个概念与其他任何概念一样,是在发展中存在的,而且概念的每一次发展都给概念以新的生命力。因此,我们用发展的眼光去理解数学教学的概念是有积极意义的。

研究数学教学这个概念的目的在于了解数学教学的本质。事物在发展过程中,其本质部分是不变的,否则该事物就要转化为其他事物。因此,数学教学的本质可以从数学教学这个概念的三次发展中去寻找不变的部分。

在数学教学这个概念的三次发展中,教学要作为一种"过程"来进行始终未变,并且传授知识、培养能力、转变态度,都与思维有关。因此,数学教学的本质应是"思维过程"。

学生的学习是一种复杂的心理过程,教师的教与学生的学是这个过程中的两个方面,是不可分割的、十分和谐的两个方面。这只能作为"过程"来进行,而不能作为"结果"来进行。过去很长时间,我国数学教学中违背教学规律的一种常见做法就是把教学作为"结果"来进行。不管是概念的出现(或定义某一概念),或是定理、公式,甚至一道例题的具体解法,为了赶进度,经常作为"结果"直接"抛"给学生。这有点像杂技团"抛盘子"的节目,蹩脚的演员接一个丢一个。这种过分压缩知识的发生过程,忽视学生学习中的思维过程恰恰是应试教育弊端之所在。把数学教学当作"思维过程"来进行,而不是作为"结果"来进行,这才是"数学教学"的本质。

第三节　数学教学模式

一、数学教学模式的含义

先进的教学理论如何才能有效地应用于教师的教学实践之中？教师的教学在理论的指导下，如何最大限度地提高教学效率、优化课堂教学结构？这一直是教育界从未间断研究的重要课题。对课堂教学模式的深入研究能在一定程度上解决这一系列问题。

教学理论要贯彻到教师的课堂教学中去，需要一个"中介"环节，而教学模式就是教学理论应用于教师教学实践的中介环节，是"桥梁"和"媒体"。那么，到底什么是教学模式？对此国内外学者有不同的看法和表述，但一般可表述为：教学模式是指在一定教育思想指导下，在大量的教学实验基础上，为完成特定的教学目标和内容，而形成稳定的、简明的教学结构或理论框架，并具有可操作性的实践活动方式。

教学模式强调了教学理论与实践的结合。它不是简单的教学经验汇编，也不是一种空洞理论与教学经验的混合，而是一种中介理论，是教学经验的升华。它反映了教学结构中教师、学生、教材三要素之间的组合关系，揭示了教学结构中各阶段、环节、步骤之间纵向关系以及构成现实教学的教学内容、教学目标、教学手段、教学方法等因素之间的横向关系，是对课堂教学过程的粗略反映和再现。

教学模式具有明显的可操作性，它设计了依序运动、因果关联的教学程序，为人们在课堂教学中进行实际操作提供具体的指导。

数学课堂教学模式受到教学内容、教学目标和教学思想的制约，在具体的操作过程中还受到教师本身的素质、学生知识水平、能力结构，以及教师教学风格、学生学习习惯的制约。因此，教学模式应用本身并不是一种目的和内容，而是实现特定教学目标和内容的手段。数学课堂教学模式有如下特点：

（1）思想性。数学教学模式是以完成数学教学目标为主的一种教学组织形式，它的运行过程，一方面受教育思想的支配，另一方面又受数学思想方法的引导，从教学模式得以具有方向、动力和个性来看，必须以一定的思想作为贯穿其中的精髓。因此，在模式使用过程中思想的渗透是关键。

（2）简单性。数学教学模式是把教学实践中积累的经验汇集起来，以一定的教学理论为依据，梳理出带有共性的有效经验，提炼出共同蕴涵着的主题、结构和程序,并归纳出一些操作要领。在表现形式上可以用简单的图表反映出模式复杂的要素及其关系,也可以用精练的语言极其浓缩地反映模式的核心、本质。因此,模式形式简单,但内涵丰富。

(3)整体性。数学教学模式既是教学理论对教学实践的规范,又是有效经验教学的推广。就是说它既有教学原理、功能目标,又有结构程序和操作要领;既有再现已有实践原型的部分,又有一定的推理的成分。它是教学原理和教学实践的中介,具有描述现实和构造规范相统一的特点,因此具有整体性,使用时要整体把握,否则容易造成顾此失彼的现象。

(4)指向性。数学教学模式具有特定的功能和适用范围,既具有普遍性,又具有数学教育特色。由于数学教学是极其复杂的活动过程,会受各种因素的干扰,因而对任何具体的教学活动而言,不存在普遍有效的万能模式。因此,各种数学教学模式都有一定的指向性。

(5)灵活性。数学教学模式是教学研究中对教学现象抽象、思辨的产物,是一种关于教学的理论。因此,数学教学模式对课堂教学有着很强的指导作用,但也绝不是一成不变的教条。数学教学模式亦如此,它是规律性与创造性的统一。因为,课堂教学既是科学又是艺术,科学具有规律性,艺术具有创造性,根据课堂教学科学性要求,课堂教学结构中应该有相对稳定的基本结构,它是对课堂教学具有普遍意义的主要结构。根据课堂教学艺术性的要求,课堂教学结构中还渗透着灵活多变的活动结构,它是发挥教师创造才能的能动结构。把握基本结构和活动结构之间的内在联系,再由内在联系来建立基本结构与活动结构相统一的课堂结构,才能在数学课堂教学中灵活地、创造性地运用"数学课堂教学模式"。这也是衡量高质量的数学课堂教学模式的核心标准。

教学模式是能用来计划课程、选择教材、指导教师行动的"范型或方案",它是为达到特定的目标而设计的。教师在具体的教学实践中可以用来指导教学,可以进行具体操作,但不能把它看作束缚教师手脚的固定不变的框框而生搬硬套。教师必须根据具体情况选择教学策略,因为它具有指导性、灵活性,而不具有规定性和刻板性。没有一种教学模式是适应于各种情况的万用灵药,只有适应于一定的社会条件、教学环境、教学目的、教学内容、学生年龄特征和发展水平等具体情况的最佳教学方式和方法,所以教师在考虑选择教学模式时,首先要考虑教什么、教谁等诸多因素,然后才按这个目标来选择相应的教学模式。

二、常见的数学教学模式

在力学中,同样的三根木条,钉成不同的形态,其稳定性也不同。在化学中,同样是单质碳,如果其中的碳原子按"平面"结构排列,它只能是石墨,而按照"立体"方式排列,它却是坚硬无比的金刚石。由此可见,结构的重要性。同样,不同的教学模式具有不同的教学功能。以下介绍几种常见的模式。

1. 讲解-传授模式

讲解-传授模式也称作讲解-接受模式。这种教学模式以教师的系统讲解为主,教师进行适当的启发引导,促使学生进行积极思考。这种教学模式主要用于系统性的知识、技能的传授和学习,它适用于以传授知识为目的的教学情境,也适用于教材是唯一信息来源的教学情境,有助于学生在短时间内掌握大量知识和形成熟练技能。

讲解-传授模式的主要理论依据是苏联凯洛夫教学思想和奥苏伯尔的"有意义学习"理论。凯洛夫教学思想强调以教师系统讲解知识的课堂教学为中心,重视基础知识、基本技能的教学;奥苏伯尔则认为,学校的主要任务是向学生传授学科中明确、稳定而有系统的知识,学生的主要任务是以有意义地接受学习方式,获得人类社会积累的丰富知识,并形成良好的认知结构。

这种模式是我国目前数学教学中最常用的教学模式,对数学教育的影响最大,在许多学校的数学课堂教学中仍然占据主导地位。其具体的操作程序为以下几个步骤:

第一步,教师进行复习引导。教师可通过检查作业情况、提问复习旧课等活动,使学生主动地形成新旧知识的内在联系。同时通过提问等形式启发引导,从而引出新知识,激起学生的学习兴趣。

第二步,讲解新课。这是教学程序的中心环节,要求教师突出中心,理清思路,注意教学的趣味性,做到少讲精讲。

第三步,巩固练习。通过做练习及时强化所学的知识,当堂消化,当堂巩固,以防遗忘。

第四步,课堂小结。要求教师总结回顾本堂课所讲的知识,同时说明重点内容以及要掌握的知识,使学生形成一个整体概念,做到心中有数。

第五步,检查、布置作业。通过练习检查学生对知识的掌握情况,并合理布置课外作业。

这种教学模式要求教师善于组织教学,在较长时间内保持学生的注意力,并精心设计板书;而学生则要集中精力、勤于思考和动手作记录等。

虽然讲解-传授模式能使学生在单位时间内迅速系统地掌握较多的数学基本知识和技能,但整个过程由教师直接控制着,学生客观上处于被动接受教师所提供的知识的地位,学生学习的主动性容易受到忽视或限制,存在许多不足之处。

2. 引导-发现模式

引导-发现模式也称探究-研讨式。在数学教学中应用比较广泛。这种模式在教学活动中,教师不是将现成的知识灌输给学生,而是通过精心设置的一个个问题链,激发学生的求知欲,使学生在教师的指导下发现问题、解决问题。这种教学模式改变了传统的教学模式中教师包办代替的弊端。其主要的理论依据是布鲁纳的"发现学习"理论、杜威的"活动教学"理论以及布兰本达的"探究-研讨"教学法等教学理论。

布鲁纳认为,发现并不限于那种寻求人类尚未知晓的事物的行为,正确地说,发现包括用自己的头脑亲自获得知识的一切形式;学生在数学学习过程中必须通过自身的体验,才能掌握发现问题的方法。

学生学习的过程是一种再创造过程。一个人要学好数学,就应该根据自己的体验,用自己的思维方式,创造数学知识。这种创造从总体上来讲,是一种再创造。而现有的教材,为了体系的完整性和系统性,往往把数学家如何进行创造的中间环节省略了,这样不利于培养学生的创造力。要培养有发明创造能力的人才,不但要使学生掌握系统的科学知识,而且要发展他们的探索、发现能力,引导-发现模式正是基于这种教育思想而产生的。

这种模式的教学目标是:学生学会发现问题,培养创造性思维能力。

引导-发现模式的一般操作程序是:问题→假设→推理→验证→总结。

"问题"就是由教师提出要解决的问题;"假设"就是在对问题进行分析的基础上提出假设;"推理"就是在教师的引导下,学生运用已有的知识从各个不同的角度对问题进行论证,从中发现必然的联系,形成确切的概念;"验证"就是让学生通过实例来证明或辨认所获得的概念;"总结"就是引导学生分析思维过程,形成新的认知结构。

3. 自学-辅导模式

自学-辅导模式是学生在教师的指导和辅助下进行自学、自练和自我评价,获得书本知识、发展能力的一种教学在模式。这一模式中,学生通过自学,进行探索、研究,教师则通过给出自学提纲,提供一定的阅读材料和思考问题的线索,启发学生进行独立思考。这种模式的特点是学生的自主性、独立性较强,可以让学生在自学中学会学习,掌握学习方法。

自学-辅导模式是一种新型班级授课体制的典范。传统的班级授课体制长期以来把讲授法的教学模式机械化、绝对化、固定化,学生自己动手、动脑的机会少,这一模式可以充分让学生主动参与,加强师生之间的交流。

自学-辅导模式要求教师在实际运用中,要遵循七条基本原则:第一,班集体教学与个别化因材施教相结合的原则;第二,教师指导、辅导下学生自学为主的原则;第三,"启、读、练、知、结"相结合的原则;第四,利用现代化手段来加强直观性原则;第五,尽量采用变式练习加深理解与巩固的原则;第六,强动机、浓兴趣的原则;第七,自检与他检相结合的原则。

自学-辅导模式的基本操作程序是:提出自学要求→开展自学→讨论启发→练习运用→及时评价→系统总结。

自学辅导能力的形成需要四个阶段:

(1) 第一阶段,领读阶段(大约1周时间)。老师领学生在课堂上阅读教材内容和例题,做完练习中的大题后共同核对答案,改正错误。教师领读时,要像语文老师那样,逐句阅读与解释,逐段概括段意,要求学生用铅笔把段落大意写在段落的旁边。尽管这样,每节课中仍应保留15~20分钟时间让学生自己反复阅读教材,消化内容并自己做些练习。三五天后,教师就不必这样领读了,但要继续教会学生阅读的方法和概括、思考方法,狠抓阅读关。阅读是自学中的关键,这一关过不好,就会影响后面的自学。这一关也不是一下子就能过的,有的学生可能需要半年。

教会学生阅读的主要内容之一是教会学生"粗、细、精"地阅读教材。"粗读",即扫清文字、符号障碍,读出问题,读出兴趣;"细读",即对教材逐字逐句读并作解释,分析并掌握关键的字词、语句和符号标记;"精读"就是要进行内容的概括,在深入理解教材的基础上进行记忆,要求当堂掌握并记住法则,并运用它去做习题。

(2) 第二阶段,适应自学阶段(大约3个月左右)。目的是使学生适应自学,适应自学辅导这种方式,适应"启、读、练、知、结"的课堂模式("启"就是教师对学生进行启发引导;"读"就是学生自己阅读;"练"就是学生做练习;"知"就是对答案,及时知道结果;"结"就是进行适当的小结),同时训练学生阅读、理解和初步概括能力。

具体做法是:教师在深入理解教材和了解学生的基础上,用"启发"形式写出自学提纲。上课时,先出示提纲,启发引导,然后由学生进行自学阅读、做练习、对答案和纠错,时间大约30~35分钟。最后教师进行总结,时间大约10分钟左右。

在这阶段需要注意的是:

① 教师要用"启发"艺术,激发学生的求知欲。

② 提纲要浅显详细,逐步概括而深入,以利于鼓励学生自学,强化自学兴趣,逐步提高学生的独立思考能力。

③ 在自学过程中,教师必须积极巡回指导,因材施教,注意帮助差生。

④ 除非出现普遍重大问题,教师千万不要打断全班学生的自学,否则影响学生的思路。即使是个别指导也不要包办代替。

⑤ 要十分重视抓好学生的阅读,这是自学-辅导模式教学的第一关和长久基础。

(3) 第三阶段,即阅读能力与概括能力形成阶段(大约半年至一年)。这个阶段具体做法同第二阶段相似,目的在于巩固学生的自学习惯,进一步巩固和提高阅读、概括能力,培养学生的独立性。具体做法是:教师不再出自学提纲,而只指出应注意的要求和要点,鼓励和指导学生边自学边注眉批或做主要内容笔记,要求学生能用自己的语言小结内容,逐步学会作单元小结和写小论文。教师充分地因材施教,继续帮助差生,使他们不掉队并且向中等或高等水平转化,同时注意一般学生的提高,并充分发挥优生的潜力,使他们更上一层楼。

此阶段教师应注意以下几点:

① 教师根据需要可适当上些辅导课,用于搞单元小结,纠正测验反映出的问题。

② 教师提供的阅读提纲,要有思考性,要利于学生写总结,要利于学生提出问题、发现问题,如本课的重点、新旧知识的联系、各节的逻辑关系、质疑与发问等。

③ 应注意纠正学生重做题、轻阅读;重总结、轻质疑的旧习惯。

(4) 第四阶段,即自学能力成长与自学习惯形成的阶段,或称为独立自学阶段。目的在于最大限度地增强学生的独立性,促使其自学能力有较大提高,能正确理解教材内容及其各部分之间的逻辑联系,比较准确地总结单元内容。

具体做法是:将上阶段的做法,逐渐转变为学生自觉、自动化的学习方式,成为学生的良好习惯。引导学生对自学辅导式方法产生兴趣与爱好,使学生在学习教材之后,能独立阅读那些与学习内容相关的课外书籍,独立思考,发展创造思维能力。

在这一阶段教师要注意以下几点:

① 面向未来,认识本阶段的目的和价值。

② 鼓励学生做变式练习,搞一题多解、一题多证,从而开发智力。

③ 对不同类型学生进行不同程度的指导。

4. 活动-参与模式

这一模式通过教师的引导,学生自主参与数学实践活动,密切数学与生活实际的联系,掌握数学知识的发生、形成过程和数学建模方法,形成用数学的意识。

这一教学模式的理论依据首先是皮亚杰的"发生认知论"。皮亚杰关于儿童认识发展的研究证明了反身抽象是获得数学概念的主要方式,逻辑数学结构不是由客体的物理结构或因果结构派生出来的,而是"一系列不断的反身抽象和一系列连续的自我调节的建构"。在学生能够富有意义地理解概念和原理的抽象形式之前,需要对这些数学对象的具体表现形式进行学习,这是数学学习的一个重要环节。其次,心理学的研究将人的疲劳分为生理疲劳和心理疲劳,心理疲劳是由长时间集中重复单调工作引起的,安排多样化的教学活动,有助于改变学生重复听课、做题单调的学习方式,消除心理疲劳,提高学习效率。数学教育家弗赖登塔尔提出,与其说让学生学习数学不如说让学生学习"数学化",学习数学不能满足于记住结论,而要注重数学知识的发生过程。以上教学思想,也为这一教学模式提供了理论依据。

活动-参与教学模式中,教师让学生通过自己的实践学习数学,尽可能让学生在阅读、讨论、作图、制作模型、实验、调查等实践活动中学习数学。让学生主动参与、积极活动是这一教学模式的一个显著特点。如法国科学院院士 G.Gjo-quest 所说:"应充分利用学生的主动性,他们不是通过聆听一堂清晰美妙的讲课来学习数学,而是通过对数学对象做实验而学习。""所有能使学生进入个人活动的方法都应该使用,教师的作用并非只是准备一堂单纯的课,而是要寻找使学生最大限度地参与活动的方法。"

在数学教学中,数学活动内容实际上是非常丰富的,其中有些活动适合安排在课外进行,所以数学课外活动的开展不断受到人们的重视。部分数学活动既可以在课内进行又可以在课外进行,像解决问题、数学游戏、数学实验等。一般说来,课堂教学重知识的系统性,而课外活动更重视培养兴趣、提高自学能力和实际操作能力,学习内容受课本的限制也较少。

活动-参与教学模式主要有以下几种形式:① 数学调查;② 数学实验;③ 测量活动;④ 模型制作;⑤ 数学游戏;⑥ 问题解决。

这一模式遵循由实践到理论再到实践的基本原则。这一教学模式的目标是积极培养学生的主动参与意识,增进师生、同伴之间的情感交流,提高实际操作能力,形成用数学的意识。

第四节 数学教学方法

教学方法是为了达到教学目的、完成教学任务所采取的一系列教学方式和手段所组成的一套动态体系，包括教师教的方法和学生学的方法，及其相互之间的有机联系。教学方法，是人们在教学实践中总结出来并在实践中不断发展变化的，它因教学目的、任务、内容和对象的不同而不同。教学方法既是不同历史时期教学理论的反映，又受师资条件和学生身心发展特点的约束。我国的中学数学教学，历来十分重视教学方法的研究与应用。本节将对中学数学教学中常用的方法作些介绍。

一、教学方法的启发式原则

启发式的"启发"一词是由"不愤不启，不悱不发"（《论语·述而》）而来，"愤"是指思考过了但没有彻底解决，"悱"是想说又不能恰当地说出来。我国古代《学记》一书上曾有"道而弗牵，强而弗抑，开而弗达"的记载。意思是说，要引导学生，不要拖着他们走，要鼓励他们的积极性，不要压抑他们；要启发开导他们，而不要代替他们作结论。启发式的教学原则从苏格拉底、孔子时代就已被倡导，至今可谓源远流长。然而，由于理论和实践的局限，传统的启发式却很难充分发挥其启发作用。

20世纪50年代以来，许多教育家更加强调发展学生的智能和创造能力，出现了许多新的教学方法。而启发式是这些教学方法的总的特点，它是各种教学方法必须贯彻的一条普遍的原则。启发式原则是要充分发挥教师为主导、学生为主体的双边活动作用，善于激发学生的求知欲和学习积极性，引导学生积极思维，主动地获取知识，使他们具有坚实的基础知识、良好的自学能力和习惯，逐步学会独立地提出问题和解决问题。启发式原则的实质是通过教师的正确引导，启发学生积极思维，使学生能够触类旁通、举一反三，从而获得更多的知识和技能，发展他们的智慧，"发"是"启"的结果。教学中能否贯彻启发式原则，在于教师能否本着教学目标的需要，遵循教学规律，灵活运用贯彻启发式原则的多种方式方法，精心设计每一个教学步骤。教师的启发诱导如春风化雨，滋润学生的心田，然后学生才能意念萌发、兴趣滋生，进而深思熟虑，最终独立获得知识。这样才有利于提高学生能力，发展学生思维，培养开拓型人才。

二、常用的数学教学方法

数学教学中的讲解法、谈话法、练习法、讲练结合法、教具（课件）演示法等这些方法历史较为悠久，且被实践证明是数学课堂教学中普遍适用、行之有效的教学方法。因此，人们称之为传统教学方法，现对其特点和基本要求分述于下。

1. 讲解法

讲解法是由教师对所授教材作重点、系统的讲述与分析，学生集中注意力倾听的一种教学方法。在新单元的开始、新概念的引入、新命题的得出、新知识的归纳总结时，教师常常使用这种方法。一般是教师首先引出新课题，然后突出介绍解决问题的重点，明确解决问题的途径，继而解决问题，最后再适当地予以总结来完成新课题的讲授。使用这种方法的优点是能保持教师讲授知识的主动性、流畅性和连贯性，因而在时间的运用上比较经济，教师易于控制课堂教学的进程。它的最大缺点是不能及时地准确了解学生对知识的理解、掌握情况，学生处于被动接受状态，参与教学活动少。讲解法的基本要求是：

（1）科学性。运用讲解法进行数学教学，一定要保证讲解内容的科学性。讲解概念要清楚、准确，必须使学生明确概念的本质特征，掌握概念的内涵，正确认识概念的外延；讲解命题证明、推理要合乎逻辑，并要着重讲述解题的思路和方法。

（2）系统性。讲解的内容要遵循学生的认识规律，循序渐进，具有系统性。注意突出重点，分散难点，详略得当。一般是首先引入课题，提出问题；接着分析问题的关键，明确解决问题的途径；然后层层深入，逐步加以解决；最后概括总结。

（3）启发性。讲解的过程要善于运用启发性语言，善于运用分析、综合、归纳、演绎和类比等思维方法，启发学生独立思考。通过设疑和释疑来达到传授知识的目的。

（4）量力性。讲解的过程中应随时注意学生听课情况，根据学生思维的能力、理解的程度、运算的速度随时调整讲解的进程，既要面向全体学生，又要注意学生的个体差异。

（5）针对性。运用讲解法的目的不是讲知识，而是教学生。所以讲解一定要有针对性，有的放矢。学生易懂之处不必多讲，难懂之处应详细讲解。要注意学生在课堂上的反应，如果发现多数学生对某个问题没有听懂，就要把这个问题从另一个角度再重复讲解一遍，有个别学生不用心听讲，也要注意提醒。

（6）深刻性。运用讲解法，对关键的重点内容力求讲深、讲透，使学生深刻理解。不仅要讲清逻辑，特别要讲清学生不易发现的渗透在教材里的数学思想、数学方法及数学事实的来龙去脉。

（7）生动性。运用讲解法，语言既要通俗易懂、深入浅出、生动活泼、直观形象、引人入胜，又要合乎数学语言要求，准确无误。运用讲解法时，必须贯彻启发式教学原则，并穿插必要的提问和练习，防止出现满堂灌的现象。同时，要注意集中讲解的时间，初中一般以 20 分钟左右、高中一般以 30 分钟左右为宜，以防止学生注意力分散。

2. 谈话法

谈话法是教师使用谈话、问答的方式，提出问题，启发学生积极思考，从而使学生获得新知识的一种教学方法。这种方法的特点是通过教师与学生的对话来进行教学。教师把教材内容编成若干个有内在联系的问题，在课堂上逐个提出来，指定不同的学生回答问题，使问题逐渐引申，逐步完成教学任务。谈话法的最大优点是突出课堂教学的双边活动，有利于促使学生积极思考、努力进取。它的缺点是时间不易掌握，运用不好会影响教学计划的完成。谈话法的基本要求是：

（1）要设计好谈话的问题系统。教师必须对教材理解透彻，对学生估计正确，善于调动全班学生的学习积极性，在这个基础上才能设计好谈话的问题系统。所以教师备课时，要仔细分析所教课题的特点，弄清所教新知识中需要用到哪些旧知识，正确估计学生的知识基础、纪律状况以及心理特征，设计出问题系统。提出的问题要逻辑性强，问题之间要彼此衔接，步步深入。在形式上应当简单明确，在内容上应当能激发学生的兴趣，吸引学生的注意，促使学生积极思维，又不超越教材范围。问题的答案应当是学生经过思考才能回答，问题本身不应当隐含对答案的提示。

（2）要善于应变。运用谈话法教学时，学生的回答可能是教师始料未及的，教师应善于应变，及时设法排除障碍，将学生思路引导到正确轨道上，保证教学的正常运行。或者教师事先设计好一些辅助性问题，帮助学生把离题的回答引导到正确的思路上。对事先没有估计到的情况，要冷静思考，及时作出正确的判断，并给于耐心的解释。

（3）要善于引导。运用谈话法教学时，教师要循循善诱，调动学生肯动脑筋的积极性，不要怕学生在发问和答问时说错。遇到答错或答非所问的情况，教师要善于引导，切不可急躁，绝能讥讽。教学过程中要顺着学生的思路发展，不宜过多提出反面问题,扰乱学生的思维。

(4) 要面向全体学生,因材施教。运用谈话法,要使全班学生都处于积极思维的状态。为了促使学生主动地思考问题,应面向全体学生提出问题,并给他们一定的思考时间,然后再点名回答。教师要避免置多数学生于不顾,只与少数几个答问的学生谈话。要根据问题的难易程度,学生的实际水平,由不同类型的学生回答。尤其注意鼓励后进学生,可让他们回答较简单的问题,以增强他们学习数学的信心。

(5) 要防止形式主义的谈话。运用谈话法教学时,所提问题过于简单,学生即刻回答,无助于思考;所提问题过于复杂,会使学生无从下手,教师改为自行讲述,代为作答。这些形式主义的谈话都应尽量避免。

(6) 要掌握好时间。运用谈话法时,容易耽误时间,影响教学计划的完成。教师应当掌握好时间。当遇到学生难于回答时,不要一直问下去,应考虑自己所提问题是否循序渐进,是否应补充问题以启发引导。

3. 练习法

练习法是指在教师指导下,通过学生独立作业来掌握基础知识和基本技能的一种教学方法。适用于解答习题,也可用来学习新知识。用于学习新知识时,首先应给学生一定的时间阅读教材,然后在教师的指导下,让学生进行讨论、练习、总结等。练习法的优点是充分体现了教师为主导、学生为主体的教学原则,可以培养学生独立研究的能力,有利于促进学生的思维。缺点是费时较多不易面面俱到。练习法的基本要求是:

(1) 教师不要直接去讲解教材,而是引导学生自己去阅读教材、发现问题、论证定理和公式。

(2) 教师事先准备好由易到难、适合学生情况的一批练习题。同时这样的练习题应有明确的训练目的和要求,且形式多样,在教师的指导下让学生独立完成。

(3) 教师做好个别学生的辅导工作,对多数学生不明了的要适当进行提示,对带普遍性的错误应及时纠正,最后由教师进行必要的总结。

4. 讲练结合法

这是在教师的指导下,通过讲与练的有机结合,引导学生学习新知识,复习巩固旧知识,培养技能、技巧和基本能力的教学方法。运用这种方法,可从实际出发,采取讲为主,适当练;也可采取练为主,适当讲;还可采取边讲边练、讲讲练练的灵活方式。但不管采取什么方式,讲与练是互相联系又互相制约的。讲是练的基础和前提,练是讲的深入发展。二者应该有机结合,努力做到以讲带练,以练促讲,推动教与学双边活动的开展,使学生学得生动、主动、扎实。讲练结合教学法是当前中学数学教学中应用最为普遍的一种方法。它的优点是能够充分发挥教师与学生两个方面的积极性,使学生既能集中注意力听讲,又能通过练习对刚学过的知识予以消化巩固。而且双方都能从对方及时获得反馈信息,以便对教学作出必要的调整,弥补不足或薄弱环节。缺点是难以预料在练习中出现的各种各样情况,对教师的应变能力和驾驭课堂的能力提出了更高的要求。讲练结合法的基本要求是:

(1)讲解必须详略得当,主次分明。对教材的重点、难点、关键和容易疏忽、混淆的内容应当详讲,而对次要的或较简单的内容应略讲或不讲。

(2)练习必须紧扣"双基",形式多样。练习是理论应用于实践的一种必要的形式,应注意目的性、多样性、层次性。从基本概念的理解、基础知识的掌握、基本技能的训练、基本能力的培养等,都要精心设计。题目的类型,除有基本题外,还要有灵活的、综合性的训练题,包括一些实际应用的题目。在练习中,教师应加强指导,发现概念性或普遍性的错误,及时讲评指正。

(3)讲和练要密切配合,目的明确,计划周全。不论是先讲后练还是先练后讲、边练边讲,都要有明确的目的,周密的计划。讲和练所占的比例按实际教学需要而定,避免盲目性和随意性。

5. 教具(课件)演示法

教具(课件)演示法是指利用直观教具(多媒体)来进行教学的一种教学方法。它包括实物演示、模型演示或课件播放。由于有些数学概念很抽象,仅凭口头讲解和图形直观难以使学生透彻理解其实际意义,这时借助于教具,把抽象概念与实物或模型结合起来,常常可以激发学生学习的兴趣,集中学生的注意力,使抽象概念具体化、形象化,往往会取得较好的效果。如立体几何中的某些问题通过教具(课件)的演示,有利于学生形成空间想象能力。随着教学手段的现代化、电教化,这一传统的教学方法已获得新的含义,并且其应用有逐渐扩大的趋势。运用教具(课件)演示法的基本要求是:

(1)教师应事先及早地准备好教具(课件)。

(2)教具(课件)演示的时间要适当,不要过早出现,以免分散学生的注意力。使用时面向全体学生,注意演示效果。

(3)要积极指导学生自制教具(课件)。

(4)教具(课件)演示要与讲解相结合,注意培养学生的观察力、想象力,使感性认识上升到理性认识,充分发挥教具(课件)的重点演示作用。

这里要特别提醒有关电脑辅助教学问题。多媒体的出现、网络技术的运用,信息时代的到来,正在给教育带来深刻的变化。多媒体电脑是融图、文、声于一体的认识工具,改善了认识环境,人们已经意识到,如同医疗设备更新了医疗手段、医疗方法一样,以电脑为核心的新教育技术的运用更新了教学手段、教学方法、教学模式,这将使得人们关于教育、教学的传统观念受到冲击,甚至将会导致教学内容、教育思想、教学理论、教学体制的变革。如何在先进教育理论的指导下,充分认识中学数学教学的需要,发挥电脑的作用,促进数学教学改革的深入,正引起人们越来越多的关注,电脑辅助中学数学教学已经普遍被接受,有关它的研究也正在日益兴起。从较多的课件和一些电脑辅助教学的课来看,不能否认,一些课件、一些电脑辅助教学课还是很成功的,但是,为"公开课"而使用电脑,为评比而使用电脑,这些现象普遍存在,在电脑辅助教学这一实践中明显存在误区,应该引起足够的思考或重视。根据当前实际情况来看,电脑辅助教学中出现的一些偏差或误区主要表现在如下几个方面:第一、不恰当地追求"多媒体",忽视其对教学的干扰;第二、追求课件的"外在美",忽视课件的"内在美";第三、重视电脑媒体的运用,忽视其他媒体的运用;第四、重视演示现象、说明问题、传授知识,忽视揭示过程、培养能力;第五、重视形象思维,忽视抽象思维;第六、重视教师的"教"法,忽视学生的"学"法;第七、重视课内,忽视课外;第八、把"是否使用了电脑"作为"好课"评比的必要条件之一。

最后,还应当强调和说明几点。首先,教学方法是为教学目标和任务服务的,它是为了达到教学目标,完成教学任务所采取的教学方式和手段。教学有法,教无定法。因此,教学方法的选择和运用,要能最有效地实现教学目标,完成教学任务。其次,不论运用哪种教学方法,都要贯彻启发性原则,都要注意调动学生的学习积极性、主动性,启发学生积极思维。最后,要重视学生学习方法的研究,每一种教法都和相应的学法互相联系、相辅相成,统一在一个教学过程中,要重视对学生学法的指导。

思考题

1. 数学教学过程的本质是什么?

2. 什么是数学教学模式,有什么特点? 常见的数学教学模式有哪些?

3. 有哪些常见的教学方法? 谈谈你对"教学有法、教无定法"的理解。

第四章 数学学习的基本知识

数学学习理论是数学教育学的重要组成部分，它以学生的数学学习作为研究对象，揭示其自身的性质、特点、过程和规律。学生的学习是在学校教育的条件下，以教材为中介进行的。所以我们首先介绍数学教育与数学学习的关系，然后指出数学学习的主要内容。

第一节 数学教育与数学学习

数学教学活动是师生双边的活动，它以数学教材为中介，通过教师教的活动和学生学的活动的相互作用，使学生获得数学知识、技能和能力，发展个性品质和形成良好的学习态度。这就是说，数学教育目标的实现，最后体现在学生身上，并且要通过学生的活动才能达到。教学活动中，学生处于学习的主体地位，当教材、教学手段和教学方法符合学生"学的规律"时，才能发挥高效率，产生最佳效果。因此，在数学教育中，数学学习规律的研究处于基础的地位。

为了培养数学人才、普及数学，许多数学家和数学教育家历来都十分重视研究学生的数学学习，探索数学学习的规律。我国南宋末年的数学教育家杨辉，在《乘除通变本末》一书的上卷中有"习算纲目"一节，提出了他的数学教育主张，同时还提到"循序渐进与熟读精思的学习方法"，指出了如何学习数学，怎样培养学习者自觉的计算能力等，这是他研究数学学习方面的重要成果。我国现代数学家华罗庚，结合自己自学数学的丰富经验，多次作讲演写文章向青少年谈如何学习数学，指导大、中学生和研究生进行数学学习与数学研究，从中揭示了数学学习的重要规律。美籍匈牙利数学家 G·波利亚提出学习（数学）三原则，注重学生的学习过程，强调"猜测"、"发现"在数学学习中的重要性，认为"教师应当了解学习的方法和途径"。

数学学习所要解决的根本问题，是探索在学校教育的条件下，学生的数学知识、技能和能力是怎样获得的，其中有什么规律。科学家钱学森说："教育科学中最难的问题，也是最核心的问题是教育科学的基础理论，即人的知识和应用知识的智力是怎样获得的，有什么规律，解决了这个核心问题，教育科学的其他学问和教育工作的其他部门都有了基础,有了依据。"这一精辟的论述也完全适合于数学教育的情形,即数学教育中最核心的问题,是学生的数学知识、能力是怎样获得的,有什么规律。实际上,这就是数学学习论所要解决的根本问题,它反映了数学教育科学要以数学学习理论为基础,同时要求我们在进行数学教育及其研究时,不能离开学生的数学学习这一主体活动的基本规律。

探索数学学习,主要在于揭示数学学习过程的心理规律,并符合学生的心理发展。由于不同年龄阶段数学学习的心理过程存在着很大差异,这就要求数学教材的编写与教学方法的运用要适应学生的年龄特征,并促进学生的心理发展。F·克莱茵提出"教材的选择、排列,应适应于学生心理的自然发展",也充分说明了课程设置,教材编写应以数学学习理论为基础,要体现学生数学学习的规律等。

数学学习的心理过程,不仅是一个认识过程,而且还交织着情感、意志过程以及个性心理特征等,这就为数学教育提供了广泛的内容。现在人们在数学教育中,重视对学生非智力因素和态度、精神的培养,不能不说与此有关。因此,对数学学习的研究,将会影响数学教育及其研究的广度与深度,直接关系到数学教育的效果。

当今数学教育,已不仅仅局限于研究数学的教,而且还研究数学的学与数学课程等。就研究数学的教和学以及课程而论,也已突破自身的范围,注意吸收和运用心理科学、教育科学等相关学科的有关理论,从多个方面、不同的角度对它们进行探讨。在数学教育研究蓬勃向前发展的今天,作为基础的数学学习理论,已越来越被人们所重视,研究已逐渐走向深入,这无疑有助于提高我国数学教育及其研究的水平。

第二节　数学学习的特点和类型

一、学生的学习活动

关于学习既有广义的定义,又有狭义的定义。现代心理学家一般认为,学习是个广泛概念,它是有机体凭借经验的获得而产生的比较持久的行为变化。这里所谓的行为,包括思维、想象、记忆、感知等内部心理活动和言语、表情、动作等外部活动。这就是普通心理学关于广义的学习的定义。如果从教育心理学角度看,则学习是指学生在教师指导下,有目的、有计划、有组织、有步骤地进行的获得知识、形成技能、培养能力、发展个性的过程。这是狭义的学习的定义。

学生的学习活动有如下一些特征：

（1）学生的学习以学习基础知识、基本技能为主，尤其是中、小学生的学习，主要是掌握最基本的知识和技能。其目的不在于直接创造社会价值，而在于为将来进一步学习或参加生产劳动奠定知识基础，同时也要培养自己的态度和能力。因此学生必须接受系统的、严格的基础知识的学习和基本技能的训练。

（2）学生的学习在于获得人类现成的知识。学生在学习过程中采用的"发现法"，只能是一种再发现，而这个再发现与人类的发现是不完全相同的，它经过了教学法的加工。这是因为对于学生来说，并不需要也不可能完全重复前人的发现经历，而只是部分体验前人的发现过程，以提高自己的能力。

（3）学生的学习是在教师的指导下进行的，它一方面体现学生的学习是有计划、有目的的，另一方面可避免学习中走不必要的弯路，可节省大量时间，提高学习效率。

（4）学生学习的内容主要体现在教材中，教材不仅反映了学习的要求和程序，而且它已经过教学法的某些加工，适宜于学生学习。所以学习是依据教材进行的。

二、数学学习的特点

数学学习是根据教学计划进行的，它是一个在教师的指导下获得数学知识、技能和能力，发展个性品质的过程。

由于数学具有其自身的特点，所以数学学习不仅具有一般学习的特点，而且还有自身突出的特点：

（1）严谨推理特点。数学具有逻辑的严谨性，它用完善的形式表现出来，呈现在学生面前，而略去了它发现的曲折过程，因此给学生的"再创造"学习带来困难。数学教材往往是以演绎系统展开的，学习它需要有较强的逻辑推理能力。所以学生学习时要思考知识的发生过程，掌握推理论证方法等。

（2）抽象概括特点。因为数学是高度抽象概括的理论，它比其他学科的知识更抽象、更概括，而且数学中使用了形式化、符号化的语言，因此数学学习更需要积极思考、深入理解，需要较强的抽象概括能力。

（3）启发引导特点。因为数学学习与其说是学习数学知识，倒不如说是学习数学思维活动，所以数学学习中教师对学生思维的启发与引导更为重要。

三、数学学习的类型

关于学习的分类,在学习心理学中存在着各种不同的方法。例如,布鲁纳按学习目标将学习分成六类:知识学习、理解学习、应用学习、分析学习、综合学习和评价学习;奥苏伯尔从认知过程出发,把学习分成三类:符号学习、概念学习和命题学习;加涅根据学习水平的高低以及学习内容的复杂程度,把学习分成八类:信号学习、刺激-反应学习、连锁学习、言语联系学习、辨别学习、概念学习、原理学习、问题解决学习。国内有的学者从学生不同的智力特点出发,将学习分成三类:知识学习、技能学习和问题解决学习。也有的书上,从学校教育实际出发,依据学习的内容和结果,将学习划分为:知识的学习、动作技能的学习、智慧技能的学习、社会行为规范的学习。由此可见,出发点不同,学习就可以分成各种类型。

对数学学习进行分类是必要的,通过分类,能搞清楚影响数学学习的因素,能揭示出数学学习过程的心理因素,掌握学生学习的一般规律,以利于教师指导学生学习。

数学学习是一种特殊的学习。如果根据学习的深度,则可把数学学习分为机械学习和有意义学习;如果根据学习的方式,则可把数学学习分为接受学习和发现学习;如果相互配合,则可出现多种学习形式。数学学习,若按其内容来分,则可分为数学知识的学习、数学技能的学习和数学问题解决的学习等。这里着重讨论机械学习和有意义学习,接受学习和发现学习两种类型。

1. 机械学习与有意义学习

学生学习数学,主要是掌握前人积累的数学知识,而这些知识是用语言文字符号和数学符号来表示的。学生只有经过积极思考,正确理解这些符号所代表的数学内容,才能将其转化为自身的精神财富。倘若学生在学习时,不理解一些符号所表示的意义或方法,仅仅记住这些符号的组合或词句,例如,只记住了"绝对值"这个词或"$|a|$"这个符号,并不理解它的涵义,那么这种学习就是所谓的机械学习。但如果经过思考,理解了由符号所代表的数学内容和方法,并能融会贯通,那么这种学习就是所谓的有意义学习。所以根据学习的深度,可把学习分为机械学习和有意义学习两类。

因为数学知识具有逻辑性、系统性,并具有丰富的思想方法,所以数学学习基本上是有意义学习。当然,在数学学习中,也不排斥机械学习,某些情况下还是需要的。为了帮助学生记忆,可以运用"口诀"或"图表"。例如,对同角三角

函数的基本关系式,就可让学生利用图 4－1 所示的
"正六边形"来记忆。又如,讲完了诱导公式后,可让学
生读记:"奇变偶不变,符号看象限",帮助学生记忆。
但是,必须注意,上述这些帮助记忆的方法,只能是辅
助性的,是在意义学习以后为提高记忆效率而采用的
熟记法,切不可用来代替有意义学习,因为这些方法只
有助于"记",而不能表明各个结果是如何推导出来的,
也不能概括这些结果的意义。

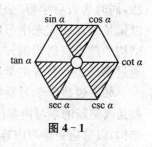

图 4－1

　　有意义学习要靠理解。这里所讲的理解,是指符号所代表的新知识与学生
头脑中已有的适当知识(概念、原理、公式、定理等)建立了非人为的(非任意的)
和实质性的(非字面的)联系。这里所谓非人为的联系,就是符号所代表的新知
识同原来知识的联系。例如,要使算术根概念的学习成为有意义的学习,就要
把算术根概念与非负实数概念、开方概念、方根概念、绝对值概念等建立联系。
所谓实质性联系,指用不同语言或其他符号表达的同一认知内容的联系。例
如,同一个等腰三角形 ABC "底边 BC 上的高"、"底边 BC 上的中线"、"顶角
$\angle BAC$ 的平分线"就有实质性的联系。再如,"求把四个相同的球任意投入三
个不同的盒子里(且允许有空盒)的方法有多少种?"与"求不定方程 $x_1+x_2+
x_3=4$ 的非负整数解的个数"以及"求三元四次齐次完全多项式的项数"这三个
问题也有实质联系。

　　学习新知识要与原有认知结构建立联系。那么,什么是认知结构呢？所
谓认知结构就是学习者头脑里的知识结构和认识结构的统一,它是从教科书
以及课堂教学的知识结构转化而来的。而"所谓数学认知结构,就是学习者
头脑里的数学知识按照自己的理解深度、广度,结合自己的感觉、知觉、记忆、
思维、联想等认知特点组合成的知识结构"。一个学生在学习数学时,都以原
有的数学认知结构为依据,将新知识进行加工,如果新知识与原有的数学认
知结构中适当的知识相联系,那么通过新旧知识的相互作用,新知识就被纳
入原有的数学认知结构,从而扩大了它的内容,这一过程称为同化。如果新
知识在原有的数学认知结构中没有适当的知识与它联系,那么就要对原有的
数学认知结构进行改组或部分改组,进而形成新的数学认知结构,并把新的
知识接纳进去,这个过程叫做顺应。例如,学习用配方法解一元二次方程时,
经历的就是同化过程:学生借助于原有的数学认知结构中的适当知识(如完
全平方公式、方程同解原理和直接开平方法解一元二次方程等)进行加工,领
会了配方法,并把它纳入原有的数学认知结构,增加了解一元二次方程的方

法,同时为以后学习"公式法"等做好准备。再如,初一学生开始学习代数,可以说是通过顺应来学习的。由于算术和代数的不一致性,在学生的算术认知结构中就没有适当的知识可用来加工新知识,所以只有改造算术认知结构,通过字母表示数等的学习形成新的数学认知结构,以逐渐适应代数学习。

如果说数学学习是数学认知结构的建立、扩大或重新组织的话,那么同化就是改造新的学习内容使之与原有认知结构相吻合,顺应则是改造原有的认知结构,以适应新学习内容的需要。有意义数学学习过程,即为数学学习的同化与顺应的过程。一般说来,学生学习数学,需要在原有认知结构中有适当的知识可用来加工新知识,并且能积极主动地进行一系列分析、综合的思维活动,以期获得新知识,并加深对旧知识的认识。

2. 接受学习与发现学习

机械学习与有意义学习是根据学习的深度来区分的。如果根据学习的方式来分,学生的学习又可分为接受学习和发现学习两类。接受学习,指学习的全部内容是以定论的形式呈现给学习者的一种学习方式。即把问题的条件、结论以及推导过程等都叙述清楚,不需学生独立发现,只要他们积极主动地与已有数学认知结构中适当的知识相联系,进行思维加工,然后与原有知识融为一体,以备进一步学习和应用之需。发现学习的主要特征是,不把学习的主要内容提供给学生,它必须由学生独立发现,包括揭示问题的隐蔽关系,发现结论和推导方法。当然这要对提供信息进行分解和重新组合,使它与已有的认知结构中的适当知识相联系等。例如,利用割补、测量等方法,让学生去发现关于三角形内角和命题的学习,就是一种发现学习。

发现学习显然比接受学习复杂得多,所花的时间比较多。一般地说,学生的数学知识,大量是通过接受学习获得的,而各种数学问题的解决,则往往通过发现学习来实现。

四、数学学习的四个阶段

根据认知学习理论,数学学习的过程乃是新的学习内容与学生原有的数学认知结构相互作用,形成新的数学认知结构的过程。依据认知结构的变化,数学学习的过程可以分为四个阶段:输入阶段、相互作用阶段、操作阶段和输出阶段。

1. 输入阶段

所谓输入,实质上就是创设学习情境,给学生提供新的学习内容。在这一学习情境中,学生原有的数学认知结构与新学习的内容之间发生认知冲突,使学习者在心理上产生学习新知的需要(即"心向")。

2. 相互作用阶段

新学习的内容输入以后,学生原有的数学认知结构与新学习的内容之间相互作用,数学学习就进入相互作用阶段。这种相互作用,有同化和顺应两种基本的形式。所谓同化,就是把新学习的内容纳入到原数学认知结构中去,从而扩大原有认知结构的过程。所谓顺应,就是当原有认知结构不能接纳新的学习内容时,必须改造原有的认知结构,以适应新学习内容的过程。相互作用阶段的结果是产生了新的数学认知结构的雏形。

3. 操作阶段

操作阶段实质上是在第二阶段产生新的数学认知结构雏形的基础上,通过练习等活动,使新学习的知识得到巩固,从而初步形成新的数学认知结构的过程。通过这一阶段的学习,学生学到了一定的技能,使新学习的知识与原有的认知结构之间产生较为密切的联系。

4. 输出阶段

这一阶段基于第三阶段,通过解决数学问题,使初步形成的新的数学认知结构臻于完善,最终形成新的良好的数学认知结构,学生的能力得到发展,从而达到数学学习的预期目标。

数学学习的一般认知过程如图 4 - 2 所示。

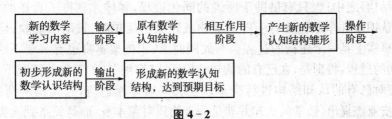

图 4 - 2

以上四个阶段是密切联系的,任一阶段的学习出了问题,都会影响数学学习的质量。无论数学新内容的接受还是纳入,都取决于学生原有的数学认知结构。因此,学生已有的数学认知结构总是学习新数学内容的基础。要顺利完成以上四个阶段的任务,数学教师首先要考虑学生已知了什么,掌握到何种程度;然后考虑数学教学内容的难易程度、呈现序列等问题,确保学生原有认知结构与新的数学知识相互作用。并且,数学教师还要注意做好数学认知学习的决策分析,包括认知目标分析、认知起点测定、认知过程诊断和认知结果评定。

第二节　数学学习的"建构学说"

　　先从两个实例谈起。成年人都具有"物体常存性"的认识,即客体超出我们的视线时仍然是存在的,然而对非常幼小的儿童来说,"看不见的东西就不存在"才是他们对于现实的一个"精确"描述。另一个例子涉及"体积的守恒性",成年人都知道当液体由一个容器倒入另一容器时体积保持不变,但当同样容量的水从一个玻璃杯倒入另一个不同形状的玻璃杯时,孩子们会认定液体表面层较高的玻璃杯中有较多的水。由此得出的结论是:尽管儿童与我们所看到的现象是同样的,但却作出不同的结论。以上实验告诉我们,我们对于客观世界的认识依赖于自身的"解释结构"(认知结构),从而,在这样的意义上,认识就是一种建构的活动。

　　瑞士心理学家、哲学家皮亚杰从认识的发生和发展的角度对儿童心理学进行了系统、深入的研究,从而对儿童心理学的现代发展产生了十分重要的影响。同时,皮亚杰还明确地提出了认识是一种以已有知识和经验为基础的主动的建构活动的观点,从而不仅被看成是现代建构主义的主要代表人物之一,也为心理学研究与哲学研究、特别是认识论研究的密切结合提供了一个范例。皮亚杰提到了两种不同的建构,即所谓的"同化"和"顺应"。按照皮亚杰的观点,对客体的认识是一个"同化"的过程,即如何把对象纳入(整合)到已有的认识框架(认知结构)之中;也只有借助于所说的同化过程,客体才获得了真正的意义。从而,认识就并非是思维对于外部事物或现象的简单的、被动的反映,恰恰相反,这事实上是一个建构的过程。与此同时,认识框架本身也有一个不断发展或建构的过程,特别是,在已有的认知结构无法"容纳"新的对象的情况下,主体就必须对已有的认知结构进行变革以使其与客体相适应,这就是所谓的"顺应"。皮亚杰提出,数学的认知并非是关于物质对象本身,而是关系到人类施加于物质对象之上的活动,因而是一种活动和反省抽象的过程。例如,次序的观念并非是从对象中抽象出来的,而是依赖于排序的行动,因而这是一种能动的建构过程。而数学认识的发展一方面是反省抽象的直接结果,另一方面也是人类的"自我调节",即内在的数学结构与外部环境的相互作用。最基本的内在结构是"图式"(是人脑中已有的知识经验的网络),它包含了活动的一般化的特征,而反省抽象起的就是"图式化"的作用,皮亚杰具体地称之为"内化",并认为,活动的内化就是概念化,也就是把活动的图式转变为名副其实的概念。因而,活动的内化必然以其在高级水平上的重新构成为先决条件,也就是说,反省抽象必然是构造性的。

数学学习并非是一个被动的接受过程,而是一个主动的建构过程。也就是说,数学知识不能从一个人迁移到另一个人,一个人的数学知识必须基于个人对经验的操作、交流,通过反省来主动建构。这就是建构主义的数学学习观,或称为数学学习的建构学说。

下面,就此观点作些说明:

(1) 关于数学学习活动"建构性"的理论,不仅是认知心理学的一般原理在数学中的直接应用,而且也是数学特殊性质的具体表明。任何数学知识的获得都必须经历"建构"这样一个由"外"到"内"的转化过程。

(2) 已有的知识、经验等构成了新的认识,亦即新的建构活动的必要基础。

(3) 与具体的、零散的知识相比,整体性的知识是更为重要的,因为只有后者才能为新的认识活动提供必要的"认识框架"。

(4) 要注意所说的"建构"活动的"社会性质"。就学生的数学学习过程而言,尽管数学知识的"建构"活动最终是由学生相对独立地完成的,但必定是在一定的"社会环境"之中进行的。我们应当首先看到数学教师的作用,同时也应充分重视"学习共同体",即同学、小组、班级、学校、家庭对于学生认识活动的影响。

建构学说对数学学习有何指导意义呢? 可以从三方面来看:

(1) 学习不应被看成是对于教师所授予的知识的被动接受,而是学习者以自身已有的知识和经验为基础的主动的建构活动。即学生能积极主动地构造意义。他们不是一张白纸可以任教师随意"书写"知识,每个学生都按照自己对世界的认识来理解世界的意义,这些理解或者说是世界的模型不断地被修改,永远也不会达到最终状态。任何真正的学习(并非对于某些结论或算法的机械记忆和模仿)都不是对于外部所授予的知识的简单接受,而必定是一种主动的建构。因而学习活动必然具有"创造性质"。尽管一些基本的数学概念具有较为明显的直观背景,但是,任何数学对象又都是抽象思维的产物,而并非经验世界中的真实存在,因此可以说,数学对象是一种纯粹的建构,或者说,正是人们通过自己的建构活动创造出了数学对象。学生对于教师所讲的内容必然有一个"理解"或"消化"的过程,但是学生有他自己的"数学现实",在学生先前的学习活动与社会生活中,已经掌握了一定的数学知识和思维模式。所谓"理解"就并非只是指弄清教师的"本意",而首先是学习者必须依据自身已有的数学知识和经验去对教师所讲的内容作出"解释",从而使其成为对自身来说是有意义的，由此应当说这是一种"个体创造性的理解"。另外，又因为所说的"解释"活动事实上就是指如何把新的数学内容纳入已有的认识框架，从而使其成为整个数学结构的有机组成部分，这也就是"消化"的基本涵义。

因而数学学习活动就是通过学生自身主动的建构，使新的数学材料在学生头脑中获得特定的意义，这就是在新的数学材料与学生已有的数学知识和经验之间建立实质性的、非任意的联系。

（2）相对于一般的认识活动而言，学习活动的一个主要特点在于：这主要是一个"顺应"的过程，也即不断地对学生已有的认知结构作出必要的发展或变革，也就是说，学习就是学习者认知结构的组织和重新组织，而这又正是新的学习活动与认知结构相互作用的结果。

认识必定是一个"整合"的过程，即如何把新的对象纳入到已有的认知结构之中，从而使全部知识汇成一个整体，而为了实现这样的整合，就必须对已有认知结构作出必要的更新。真正的数学认识应当是形式建构与"具体化"的辩证统一：既应善于依据已有的数学知识和经验去把握新的抽象数学概念，同时又应善于从抽象的高度去把握具体的对象；既应肯定直觉在数学学习活动中的重要作用，同时又应从纯形式的角度去对有关的结论作出严格的证明。数学学习过程不应被看成是单一的积累（量变）过程，而必然包含有一定的质变。

事实上，从认识发生的角度看，个体认识的发展过程在一定意义上即可看成历史发展的重复或缩影，从而就必然包含有对于错误或不恰当观念的纠正和更新。数学学习作为一种建构活动，往往需要经过多次的反复和深化，而并非是一次性完成的。相对于一般的建构主义观点而言，我们明确提倡社会建构主义的立场。社会建构主义的核心就是对数学认识活动与数学学习活动的社会性质的肯定。数学的认识并非是一个封闭的过程，也不是一种直线型的发展，而必然有一个发展、改进的过程；而所说的"发展与改进"则又主要是通过与外部的交流得以实现的，即必然包含有一个交流、反思、改进、协调的过程。个体的建构必然受到外部世界和社会环境的制约。作为社会建构主义的数学学习观，是把学生看成是一个个的主体，这些主体又和教师一起组成了一个共同体，正是这一"数学学习共同体"为数学学习这样一种主动的建构活动提供了必要的外部环境。

（3）建构学说还强调学习是发展，是改变观念。按照建构学说的看法，知识就是某种观念，因此知识是无法传递的，传递的只是信息。学习者应对这些信息作观念的分析与综合，进行有选择的接收和加工处理。此外，认识是一个不断发展与深化的过程。因此，学习者的认知结构也就有一个不断发展、不断建构的过程。这种在发展中学习，在学习中改变观念的观点，对指导数学学习是十分有益的。

第三节 数学学习的"再创造"理论

首先简单介绍"再创造"理论的提出者弗赖登塔尔。弗赖登塔尔生于1905年，1930年获柏林大学博士学位。1951年起为荷兰皇家科学院院士，1971—1976年任荷兰数学教育研究所所长。弗赖登塔尔是著名数学家布劳威尔的学生，早年从事纯粹数学研究，以代数拓扑学和李群研究方面的杰出工作进入国际著名数学家的行列，曾任荷兰数学会的两届主席。作为著名的数学家，弗赖登塔尔非常关注教育问题，他很早就把数学教育作为自己思考和研究的对象，在这一点上弗赖登塔尔与其他科学家有所不同。他本人有一个非常简单的解释：我一生都是做教师，之所以从很早就开始思考教育方面的问题，是为了把教师这一行做好。弗赖塔尔在"思维的教育"的报告中阐述了对长期占据他心灵的算术教育问题的看法：儿童不可能通过演绎法学会新的数学知识。弗赖登塔尔在长期的数学教育研究实践中，逐步形成了适应儿童心理发展，符合教育规律，经得起实践检验，并且有自己独特风格的数学教育思想体系。他积累的研究成果和实践经验，不仅改变了荷兰数学教育的面貌，也通过世界范围的相互交流，极大地推动了国际数学教育研究的发展。作为具有国际声望的数学家，他从1954年起担任了荷兰数学教育委员会主席，1967年又担任了国际数学教育委员会主席。他还是国际上最有影响的数学教育刊物《数学教育研究》杂志的创始人。

一、什么是"再创造"

弗赖登塔尔指出：一个学科领域的教学论就是指与这个领域相关的教与学的组织过程。教学者就是组织者、教育研究工作者、教科书作者、各级教师，甚至包括那些组织个人或小组学习过程的学生。而通过数学化过程产生的数学必须由通过教学过程产生的数学教学反映出来，因此，弗赖登塔尔认为数学教学方法的核心是学生的"再创造"。但这和我们常说的"发现学习"并不等同。这里理解的创造，是学习过程中的若干步骤，这些步骤的重要性在于再创造的"再"，"再创造"则既包含了内容又包含了形式，既包含了新的发现又包含了弗赖登塔尔"再创造"的理论，依赖于如下的想法，他认为，数学的根源在于普通的常识，数学实质上是人们常识的系统化，因而每个学生都可能在一定的指导下，通过自己的实践活动来获得这些知识。事实证明,只有通过"再创造"的方式才能达到最好的效果。谁都知道数学是最古老的科学,早在上古时代,人们就从日常生活中,获得了数与形的概念,进而又积累了有关的知识,并进一步凝聚成为各种规则、定律,就是这些日常的知识,逐步提高发展而形成了数学。

历史上很多数学原理是在世界各个地方独立地发现的,微积分是牛顿与莱布尼兹分别从力学与几何学的角度创造出来的,非欧几何学(罗巴切夫斯基几何学)是高斯、波里埃与罗巴切夫斯基各自分别建立起来的。数学发展的历史进程是如此,个人学习数学的进程也同样如此,每个人都应该在学习数学的过程中,根据自己的体验,用自己的思维方式,重新创造有关的数学知识。当然这并非要我们再去机械地重复历史,但是新的一代也不可能恰好从前人所终止的那一点上继续下去,也就是说,从某种意义上我们还是应该重复人类的学习过程,重复数学创造的历史,但并非按照它的实际发生过程,而是假定我们的祖先在过去就知道了更多的现有知识以后,情况会怎么发生和可能发生的历史。应该允许学生发现自己的潜力与标准,然后在一定的指导下,抓住机会去追求、去攀登、去钻研、去探索通向这个标准的道路,从而达到他们力所能及的高度和深度。除了上述从数学的角度来说明"再创造"学习方式的依据,还可以从教育学的角度来找到这一做法的合理根据,至少可以列出以下三点:一是,通过自身活动所获得的知识与能力,远比别人强加的要理解得透彻、掌握得更好,也更具有实用性,一般来说还可以保持较长久的记忆。二是,"再创造"包含了发现,而发现是一种乐趣,因而通过"再创造"来进行学习能引起学生的兴趣,并激发学生深入探索研究的学习动力。三是,通过"再创造"方式,可以进一步促使人们借助自身的体验形成这样的观念:数学是一种人类的活动,数学教学也是一种人类的活动。

二、有指导的"再创造"

传统的数学教学出现了一种不正常的现象,弗赖登塔尔称之为"违反教学法的颠倒"。数学家从不按照他们发现、创造的真实过程来介绍他们的工作,实际上经过艰苦曲折的思维推理获得的结论,常以"显然"二字一笔带过。教科书更是常将通过分析法所得的结论采取综合法的形式来叙述,也就是说文字表达的思维过程与实际获得的发现过程完全相反,因而严重阻塞了"再创造"的通道。数学确实是一门演绎科学,它的一个特征就是严谨的逻辑推理和高度的抽象化。数学教学的目标之一也应该让学生掌握一个不同水平的形式体系,问题是通过怎样的方式才能达到这一目标? 传统的方法就是将数学当作是一个已经完成的现成的形式理论,教师从定义出发,介绍它的符号、表达方式,再讨论一系列性质,从而得出各种规则、算法。教师的任务是举例、讲解,学生的任务则是模仿,唯一留给学生活动的机会就是解题——所谓的"应用"。实际上,真正的数学家从来也不是以这样的方式来学习数学的,他们常常凭借数学的直觉思维,作出各种猜想,然后再加以证实(直到今天,还有许多猜想等待人们去检验或推翻)。那些符号、定义都是思维活动的结果,为了知识系统化或是交流的需要而引进。如果给学生提供同样的条件,不仅是性质、规则,甚至定义也都可以包括在学生能够重新创造的范围以内。

伟大的教育家夸美纽斯有一句名言:"教一个活动的最好方法是演示。"他主张要打开学生的各种感觉器官,那就不仅是被动地通过语言依赖听觉来吸收知识,也包括眼睛看甚至手的触摸及动作。弗赖登塔尔将这一思想进一步发展成为"学一个活动的最好方法是实践",这一提法的目的是将强调的重点从教转向学,从教师的行为转向学生的活动,并且从感觉的效应转为运动的效应。就像游泳本身也有理论,学游泳的人也需要观摩教练的示范动作,但更重要的是他必须下水去练习,老是站在陆地上是永远也学不会游泳的。当然,每个人有不同的"数学现实",每个人也可能处于不同的思维水平,因而不同的人可以追求并达到不同的水平。一般说来,对于学生的各种独特的解法,甚至不着边际的想法都不应该加以阻挠,要让他们充分发展,充分享有"再创造"的自由,甚至可以自己编造问题,自己寻找解法,一句话,应该让学生走自己的道路。但从教师的角度,自然应该在适当的时机引导学生加强反思,巩固已经获得的知识,以提高学生的思维水平,尤其必须有意识地启发,使学生的"创造"活动逐步由不自觉或无目的的状态,进而发展成为有意识有目的的创造活动,以便尽量促使每个人所能达到的水平尽可能地提高。这也正是有指导的再创造的真正涵义所在。因为有指导的再创造意味着在创造的自由性和指导的约束性之间,以及在学生取得自己的乐趣和满足教师的要求之间,达到一种微妙的平衡,所以结果就不是那么简单了。而且,学生的自由选择已经被"再创造"的"再"所限制,因此,学生可能创造一些对他来说是新的,而对指导者来说却是熟知的东西。

三、怎样指导"再创造"

根据弗赖登塔尔的观点,既然强调数学是一种人类活动,数学教学也是一种人类活动,因此,"再创造"原理实施的目标,也就必须是让学生"参与到一种活动中去"。换句话说,学生应该"再创造":数学化而不是数学,抽象化而不是抽象,图式化而不是图式,形式化而不是形式,算法化而不是算法,用语言描述而不是语言。如果学生是被指导着去再创造这一切,就会更容易学会、记住和迁移这些有价值的知识和能力,而如果是被强迫做的,那就不同了。"再创造"原理的提出就是为了更好地反映出教学过程必须通过教师与学生双方的积极参与才能解决问题,尤其是更体现了"学生是学习的主体"这一思想,让学生的活动更为主动、有效,以便真正积极地投入到教学活动中去。"再创造"必须贯串于数学教育的整个体系之中,实现"再创造"方式的前提,就是要把数学教学作为一个活动过程来加以分析,在这整个活动过程中,学生应该始终处于一种积极、创造的状态,要参与这个活动,感觉到创造的需要,于是才有可能进行"再创造"。教师的任务就是为学生提供自由广阔的天地,听任各种不同思维、不同方法自由发展,决不可对内容作任何限制,更不应对其发现作任何预置的"圈套"。换句话说,教师应该通过指导,借助"再创造"方式将学生带到数学化及其有关的各方面的活动范畴之中,让学生在亲身经历中获得所期望的一切,也从中锻炼与培养学生的创新观念与创造精神。指导意味着在教的强迫性和学的自由性两者之间取得一个微妙的平衡。

"有指导的再创造"中的指导方法:

一是,在学生当前的现实中选择学习情境,使其适合于横向(水平)的数学化。数学产生于现实,产生于让学生组织的现实,并将现实进行数学化,他们将现实看作是最原始的来源。数数是孩子最初的口头数学,从口头的数数到数某些具体的东西。数围着桌子的人数,数鼻子,数眼睛,数耳朵的个数,甚至数桌下看不见的脚。将一连串的数用到这些集合上是横向的数学化,而要想知道为什么在这些数中有一些是相等的,就是在问一个纵向(垂直)的数学化的问题了,这个问题必须通过从自身到群体的推断所形成的转化来回答。被数的东西是有结构的集合而不是无结构的,这样一个集合结构可以或多或少地在已知条件中明显地看出来,或者可以把构造的任务留给学生。一群人中眼睛的集合按人的集合来进行构造,或者说以"双"的集合来构造,如果按2,4,6等的方式来数,它是一种纵向的数学化,至少在第一次发生时是这样。

二是,为纵向(垂直)数学化提供手段和工具。在个体教学的环境中,教师可以有大量即兴操作的机会,通过这样的即兴操作,可以加强学生在再创造方面的尝试。如果可能,将学生放到具体的、形象的情境中去,让他直观地学习,教师不解释任何东西,也不归纳任何法则,直到确信他已经知道了答案,才问"为什么"。当然这种方式也视学生而定,对有的学生可能要求他作更多的反思,而对另一些学生则不时地给出一些暗示。

三是,相互作用的教学系统。这里的相互作用不仅体现在一种班级与教师的关系的意义上,并且甚至可能更多地体现在学生与学生之间的一种相互关系上,让幕后的教师有更多的空间和时间来做有效的即兴操作。对于教与学的过程,是观察还是加强,是使它们结合还是使它们分离,确实需要而且应该允许有灵活性。可以确信,作为一个整体,教与学必须认真组织,但我们关心的是需要包括对灵活性的重视。相互影响意味着教师与学生双方既都是动因,同时又都对对方起作用,教与学应该是相辅相成的。

四是,承认和鼓励学生自己的成果。这显然是"再创造"学习方式中的一条基本原则。教师是否承认并鼓励学生自己的成果,是反映教师对"再创造"原理的认识、理解程度的试金石,也是能否真正贯彻"再创造"原理的试金石。学生自己的成果包括对现实情境的解释与理解,也包括对数学概念和模式的掌握与运用,它不仅包括解法的再创造,而且甚至包括问题的再创造。事实证明,这是一种最有效的训练。在承认和鼓励学生自己的成果的同时,教师明显地从传统的"传授"地位上退隐下来,从而更有力地鼓舞了学生的主动参与性。

五是,将所学的各个部分结合起来。从课程的观点来看,教师通过将教的各个部分结合起来,可以使教师的即兴操作变得格外容易,从而也会使所学的各个部分结合起来。对所学的各个部分的结合应当尽可能早地组织,并且应该尽可能延续得更长,并尽可能不断地加强。在不可避免地出现杂乱状态时,唯一可以继续下去的机会就是能够和别的内容联系起来,使之成为一个交织的起点,并合乎逻辑地延续下去。

思考题

1. 数学学习有哪些特点和类型?
2. "建构学说"对数学学习有何指导意义?
3. 数学学习的"再创造"理论含义什么? 怎样指导学生数学"再创造"?

第五章　数学教学原则

第一节　教学原则的一般概念

教学原则是根据教育、教学目的和教学规律而制定的指导教学工作的基本要求。它是使教学取得成效而必须要遵守的各项基本准则;它也是教师在教学过程中实施教学最优化所必须遵循的基本要求和指导原理。

数学教学作为一项特别的教育活动,不仅有自身独特的特点,而且具有特殊的规律,它的教学原则只能根据教学目的和数学教学的规律(本质)而制定。数学教学是一门实践性很强的教育活动,这一特点决定了数学教学原则来自于数学教学实践,是实践经验提炼而成的,是数学实践的理论抽象,反过来又指导数学教学实践。

必须说明的是,数学教学规律是客观的,不以人的意志为转移的,无论作何表述,也无论作何反映,它都是客观存在的。数学教学原则却不同,它既是客观规律的反映,又是实践经验的总结,带有明显的实践性和主观性。同一条数学教学规律,人们的主观认识不同,可能提出不同的教学原则。例如,教学永远具有教育性,这是客观的规律,在任何社会的教学过程中都是客观存在的。但不同社会对这一规律的认识不一样,提出的教学原则也不一样。教学规律是永远符合实际的和正确的。但数学教学原则可能是正确的也可能是错误的,可能是有益的,也有可能是有害的。例如,具体与抽象相结合的原则是正确的,也是有利的。"注入式"也可以说是一条教学原则,实践证明它是一条错误的教学原则。

数学教学的经验是数学教学原则的源泉,但数学教学的经验并不等于数学教学原则,因为数学教学经验是在特定条件下获得的,缺乏一般的指导作用。只有把数学教学经验进行提炼,才能成为数学教学原则。数学教学原则必须来自数学教学实践,离开实践的教学原则将成为无本之木、无源之水。

第二节　数学教学原则及其选择

本节从中学数学教学的特点和中学生学习数学的心理特征出发,讨论中学数学教学的一些原则。这些基本原则,是数学教学工作所必须遵循的基本要求和指导原理,既涉及基本的教学论原理在数学教学中的应用,更关系到数学教学特殊的规律性。

一、数学教学的基本原则

1. 抽象与具体相结合的原则

从具体到抽象,是人类认识发展的规律,个体认识的发展也遵循这一规律。高度的抽象性是数学学科的特点之一,所以数学教学必须把发展学生的抽象思维作为一个主要目的。只有正确理解好具体与抽象之间的相互关系,才能正确贯彻具体与抽象相结合的原则。

只有在数学教学中充分注意数学具有高度的抽象性这个特点,才能有效地培养学生的抽象概括能力。由于受年龄、理解能力、认识能力等特点的影响,学生抽象思维具有一定的局限性,主要表现在:过分地依赖具体素材;具体与抽象相割裂;不能将抽象理论应用到具体问题之中;不易把握抽象的数学对象之间的关系等方面。这里所说的具体素材,是与所要学的抽象概念和结论相对而言的,是指从其中可以抽象出所学概念和结论的那些原形(并不一定是现实世界中的实际事例)。具体与抽象相割裂,是指对抽象结论理解的片面性、局限性。只能理解列举过的具体事例或十分相近内容的现象,而不能对这些现象作本质性的概括。出现这些现象的原因是多方面的,就数学教学而论,没有妥善处理好具体与抽象的关系是主要原因之一。

贯彻具体与抽象相结合的原则,就是在数学教学中根据人的认识规律,从学生的感知出发,以客观事物为基础,从具体到抽象,形成抽象的概念,上升为理论,进行判断和推理;再由抽象到具体,用理论指导实践,在实践中应用或检验。这样才能掌握好数学基础知识,培养基本能力。

具体与抽象相结合,就是为了使学生对抽象的理论理解得正确、认识得深刻,从而发展学生的抽象思维。具体、直观仅是手段,而培养抽象思维能力才是根本的目的。因此,在教学中如果不注意培养抽象思维能力,则不可能学好数学。反之,如果不依赖于具体、直观,抽象思维能力也难以形成。在教学中只有不断地实施具体与抽象相结合,具体-抽象-具体,循环往复,才能不断将学习向纵深发展,使认识逐步提高和深化。

2. 理论与实践相结合的原则

理论与实践相结合,这既是认识论与方法论的基本原则,又是教学论与学习论的基本原则。在数学教学中正确贯彻这一教学原则是实现教学目的的重要保证。它的重要意义在于不仅要学到书本上的理论知识,还要通过学习能运用这些知识来指导实践。

就数学理论的教学而言,理论联系实际有其自身的特殊含义。数学的抽象需要现实原型和实际经验的支持。数学难学的根本原因在于其高度的抽象性,集中在对数量、结构和关系等方面的难以理解,克服这个困难的最好办法,就是借助生活、生产和其他学科的实际问题,使数学的抽象性尽可能体现在现实的原型之中,从而把抽象的数学概念建构在学生最有感性认识,又最容易引起共鸣的经验之上,建构在学生最容易认识,最熟悉的事物之上。

学生思维发展的特点,需要数学教学理论联系实际。根据数学学习的理论,中学生的思维发展正处在由"形象思维"向"逻辑思维"过渡的阶段。在这一阶段学生的思维以"经验型的抽象思维"为主,也就是说,学生已能进行抽象思维,但离不开具体形象和直接经验的支持。在这个阶段,学生的思维活动还保留着形象思维的习惯方法,他们比较相信看得见的直观和具体,对活动中获得的经验存在着较多的依赖。从这个角度看,注重理论联系实际,教学中给予更多的直观性,从具体逐步向抽象过渡,比较符合学生思维发展的特点。理论联系实际,有利于提高学生分析问题和解决问题的能力。

学习数学的根本目的还在于用数学,如果数学教学始终停留在理论阶段,学生不知道如何用数学,那么数学教学就丧失了意义。理论联系实际正是实现培养学生数学应用能力的最好途径。

在教学过程中贯彻这一原则,要求教师在数学教学中,传授知识、训练技能、培养能力、学以致用,达到深刻理解理论实质、增长实践才干的目的。理论与实践的结合,首先,要培养学生能够将实际问题提炼、抽象、概括成数学问题。很多数学家之所以能在数学研究上作出重大贡献,往往与他们善于从实际问题中提炼出数学问题分不开。例如,著名的"哥尼斯堡七桥问题"、"蜂房问题"、"四色问题"等等。实际问题转化为数学问题,既需要丰富的实际知识,更需要有较强的观察、分析、抽象、概括的能力。其次,要培养学生将数学理论应用于实践的能力,在实践中丰富、发展和提高数学水平。例如,几何学的理论就来自实践,但几何学一旦与形式逻辑相结合,极大地提高了人们的智能,迅速推动了数学的发展,并促进数学从实践经验向系统理论的转化。欧几里得把前人的庞大资料加以系统化,写出了杰作《几何原本》,而反过来人们又以这些几何知识为工具,解决大量的实际问题。

3. 巩固与发展相结合的原则

巩固与发展相结合,是由中学数学的教学目的、教学特点与规律决定的,是受人的记忆发展的心理规律制约的。数学教学目的在于让学生巩固掌握数学基础知识、基本技能,同时使他们的思维得到发展,能力得到提高。

知识的掌握包括感知、领会、巩固和应用四个有联系的层次和过程。感知是由不知到知,领会是由浅知到深知,巩固是由遗忘到保持,应用是由认识到行动的过程。学习数学目的之一在于应用,如果知识得不到巩固,应用也就落空。要巩固所学知识,记忆起着不可缺少的作用。只有提高记忆力,才能牢固掌握数学基础知识和基本技能。理解是记忆的基础,只有加深对知识的理解,才能牢固记忆。否则,即便记住了,也不会应用。为了加深对知识的理解,需加强基本概念、关系和原理的教学,从多方面揭示它们的本质和联系。为了更好地巩固知识,可采用形象识记和逻辑识记相结合的方法。形象识记比逻辑识记效果好,两者相结合效果更好。如果对识记的材料进行形象和逻辑两方面的编码,再现时当然就更容易提取。因此,对定理、公式、法则的讲解,除了应注意逻辑推导外,还应注意采取适当的直观手段,促进记忆。另外通过对照、比较、系统整理来促进逻辑记忆,使所学知识得以巩固。

数学教学的目的不仅要使学生深刻而又牢固地掌握系统的知识和技能,而且更要使他们的思维能力得到发展。只有发展了思维能力,才能更深刻地理解和巩固掌握所学的知识。"数学是人类思维的体操",所以在数学教学中必须注意:要明确思维的目标与方向,要为思维加工提供充足的原料,要让学生掌握思维方法。巩固的真正目的是为了发展学生的数学思维能力。

巩固与发展相结合,就是要把巩固掌握数学基础知识和发展提高思维能力结合起来。巩固知识需要复习和应用,发展思维需要训练。通过复习,温故而知新、举一反三、触类旁通,使学得的知识得以深化,思维得以训练和发展,能力得以提高。处理好巩固与发展相结合关系。首先,要重视对学生所学知识、技能和方法进行复习巩固工作的研究。要全面系统地复习基础知识,让学生领会基本的数学思想和方法。适时进行单元复习、总复习,使所学知识系统化。领会其中的数学思想和方法,就不仅能够逐步举一反三、灵活运用,达到巩固和深化知识的目的,而且能够将这些知识系统逐渐内化,由量变到质变,从而引起和促进学生思维整体结构的发展,提高学习和应用的基本能力。其次,复习题的选配要着眼于发展学生思维和培养学生的能力。选配复习题不仅要具有概括性、典型性、针对性、综合性,而且还要有启发性、思考性、灵活性以及创造性等特点。

4. 数与形相结合的原则

著名数学家华罗庚教授关于数形结合问题有一段精辟的论述,"数与形,本是相倚依,焉能分作两边飞;数缺形时少直觉,形少数时难入微;数形结合百般好,隔裂分家万事非。"法国数学家拉格朗日说过,"只要代数同几何分道扬镳,它们的进展就缓慢,它们的应用就狭窄,但是当这两门科学结合成伴侣时,它们就互相吸取新鲜的活力,从那以后,就以快速的步伐走向完善。"数与形是数学中两个最基本的概念,数学的内容和方法都是围绕对这两个概念的提炼、演变、发展而展开的。在数学科学的发展中,数与形常常是结合在一起的,内容上相互渗透,方法上相互联系,在一定的条件下相互转化。中学数学的主要内容是代数和几何,其中代数是研究数和数量关系的学科,几何是研究形和空间形式的学科,解析几何则是把数与形结合起来研究的学科。事实上,中学数学的各学科都渗透了数形结合的内容。例如,实数与数轴上的点一一对应、复数与坐标平面上的点一一对应;函数可用图像表示、二元一次方程表示坐标平面上的一条直线、二元二次方程表示二次曲线等。把数与形结合起来研究,可以把图形的性质问题转化为数量关系问题,或将数量关系问题转化为图形的性质问题,从而使复杂问题简单化,抽象问题具体化,化难为易。

以数与形相结合的原则进行教学,这就要求我们切实掌握数形相结合的思想与方法,以数形相结合的观点钻研教材,理解数学中的有关概念、公式和法则,帮助学生用数形相结合的思想分析问题与解决问题,从而提高数学运算能力、逻辑思维能力、空间想象能力和数学解题能力。

5. 传授知识与发展能力相结合的原则

知识是人们对客观事物认识的总和,是对客观事物的现象与本质的反映。能力是人们顺利完成某种活动的本领,属于个人的心理状态或心理特征。数学中的基本能力表现为运算能力、逻辑思维能力、空间想象能力,以及由此逐步形成的分析和解决问题的能力。智力是大脑机能在社会活动中认识和改造客观事物的心理特征,通常是指观察力、记忆力、想象力、思维力和注意力。智力与能力统称为智能或一般能力。知识与能力既有区别,又是相互联系、相互制约的。其区别表现在各自有不同的内涵。知识是后天获得的,而能力与先天因素、后天环境、教育等因素有关。知识的获得是无止境的,发展相对要快一些。能力的发展是有限度的,发展相对要慢些。不能机械地用掌握知识的多少来衡量能力的大小或发展的程度。其联系表现在,能力通常在掌握知识的过程中逐步形成与发展,已经形成的能力,反过来又影响着掌握知识的速度、深度与广度。也就是说,掌握知识是发展能力的条件与基础,能力又是掌握知识的前提与结果。传授知识与发展能力相结合,是辩证唯物主义的教学原则。这个结合有利于增长知识、发展智能。在中学数学教学中,贯彻传授知识与培养能力相结合的原则,是一个比较复杂且涉及面很广的问题。一般说来,应注意以下几个方面:要重视基本技能的训练;要重视对学生进行学习目的性的教育,激发其学习兴趣;要将传授知识与发展能力构成一个统一体,力求达到同步发展。知识与能力之间,存在着先后有序、各有侧重的一面,又有互相影响、彼此联系、互相促进的一面。只有将二者构成一个统一体,才能达到同步发展的目的。

上面我们讨论了中学数学教学的一些基本原则。正确地运用各项教学原则,有助于我们自觉地按照教学工作的客观规律办事,在教学过程中充分发挥教师的主导作用和学生的主体作用,为全面提高中学数学教学质量创造条件。

二、数学教学的特殊原则

以下我们介绍近年来广大数学教育工作者在数学教学改革过程中探索形成的数学特色更加浓厚的几条特殊的数学教学原则,既是推广,亦是研究。

1. 充分暴露数学思维过程的原则

现代数学教学理论认为,数学教学不仅是数学思维结果的教学,更是数学活动过程的教学,在这种思想指导下,自然要把充分暴露数学思维过程当作数学教学的基本原则。实践和理论都已证明,真实的数学思维过程是数学教学中最有教育意义的成分。因此,在数学教学中,对一些较重要的或具有典型意义的问题,教学的任务不仅要给出这些问题的结论,更重要的是要重视展示这些问题的思维过程,就是如何提出问题、怎样分析问题以及通过分析如何获得解决这些问题的途径和方法等,使学生从问题的解决中学会解决问题。

过程性原则是针对传统教学中重结果轻过程的教学状况提出来的,要求在数学教学过程中充分暴露数学思维过程,即充分暴露概念的形成过程、充分暴露公式和法则的推导过程、充分暴露解题思路的探索过程、充分暴露问题的被发现过程、充分暴露知识结构建立、推广和发展过程。

学生学习的本质是什么？前面章节已有讨论。这里再叙述两位科学大师的看法。1984年，李政道教授在谈到人才培养问题时，曾风趣地打了一个比方：一个上海学生对上海马路十分熟悉，另一个学生从未到过上海，若给一个学生一张上海地图，告诉他们明天测试画上海的地图和填写街道的名称，则后者可能考得比前者好；但过了一天，把他们放到上海市中心，假定所有牌子都拿掉了，那么谁能正确走到目的地呢？答案是显然的，李政道接着说："真正的学习，是要没有路牌子也能走路，最后能走出来，这才是学习的本质。"这个例子生动地说明，学习、考试取得好成绩固然重要，但学会自己走路，培养独创精神与独立工作能力更为重要。

众所周知，已故数学家华罗庚教授经常借喻"点金术"来启迪学生。相传古代八仙之一的吕洞宾有点石成金之术，贪婪的人都挣着要拾他点出的金子。华罗庚就用这个传说中的金子比喻知识。他主张，青年一代对于知识的追求，要比拾金子的人更加"贪得无厌"；但是，现成金子要拾，而更重要的是要学会"点金术"，学会掌握知识的途径。因此，他教导同学们："我认为，同学们在校学习期间，学会读书与学到必要的专业知识是同等重要的。"

两位科学大师的观点都是相同的。未来社会，或者说现代教育对教育者的要求，已经不仅是"学到什么"，而更重要的是"学会怎样学习"了。所以学习的本质，就在于学会怎样科学地思维，学会怎样创造。

在数学教学中，存在着三种思维活动。数学家的思维活动（隐藏于教材中）、教师的思维活动与学生的思维活动。从这个意义上说，数学教学过程是学生在教师指导下，通过数学思维活动学习数学家思维活动的成果，并发展数学思维能力的过程。这就是说：

（1）教会学生科学地思维，应是数学教学的重要目的之一。即课程标准所强调的，数学教学中，发展思维能力是培养能力的核心。

（2）数学教学应力求充分暴露学生的思维过程，然后根据反馈信息，有的放矢地进行教学。

（3）数学教学不应是"结果"的教学，而应是"过程"教学，数学活动的教学，即要把知识的形成、发展过程展现给学生。具体来说，就是要把知识的获取过程，结论的探索过程，问题的深化过程，这些分析、解决问题的艰难曲折过程展现出来。

这样就引申出另一个问题，作为教师，如何正确评价学生暴露出来的各种思维活动？如何让学生突破思维上的障碍？怎样才能把自己的思维活动与隐含在教材之中的数学家的思维活动科学地展现出来，传授给学生？换言之，在教师的教与学生的学之间,需要有一种正确的观点、思想、方法来加以沟通,才能教会学生科学地进行思维,引导学生开展积极的思维活动。

什么才是最成功的教育,一位哲学家曾说过:"即使是学生把教给他的所有知识都忘记了,但还能使他获得受用终生的东西。"这里"受用终生的东西"理当是指"思想方法"。数学教学,就是要注意揭示隐含在教材中的数学思想方法,展现数学知识形成、发展的轨迹;要注意从科学方法论高度去指导学生解答数学问题及其他应用问题;要注意应用科学方法论观点揭示和探索数学知识之间的联系。总之,要在数学教学中,有意识地把思维过程中的方法论问题,诸如比较与分类方法、分析与综合方法、归纳演绎与类比的方法、理想化方法、公理化方法、形象思维与辩证思维的方法、科学概念与规律的抽象与概括的方法等,结合数学具体内容,深入浅出地教给学生,潜移默化地让学生获得科学方法的有益启示。

通过讨论两个案例说明怎样在数学教学中充分暴露思维过程。

首先讨论圆周角及其定理的教学。

有不少教师从暴露探求证明思路的过程出发,通过由特殊到一般的程序,突出定理证明方法的意义,这无疑是一种进步,但问题解决仍不够彻底,因为这些教学设计还没有暴露概念的形成过程。数学概念往往是人们对概念的内涵有了较深刻的认识以后才产生的,同样,圆周角的概念也是因为人们发现这类角具有某种共同的特征以后,才把它从一般角的范围中划分出来加以定义的,据此有教师教学设计如下:

(1) 提供问题的背景:如图 5-1,$\angle AOB$ 为 $\odot O$ 的圆心角,如何度量?($\angle AOB$ 的度数 $=\overset{\frown}{AB}$ 的度数)

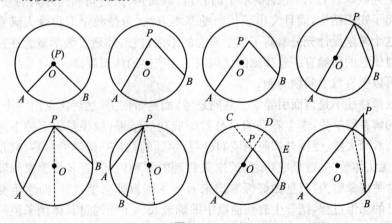

图 5-1

(2) 一般化提出问题:考虑问题 ① 的一般情况,如果 $\angle AOB$ 的顶点不是圆心,而是圆内任意一点 P,$\angle APB$ 如何度量?$\angle APB$ 的度数仍然等于 $\overparen{AB}$ 的度数吗?在否定了上述猜想以后,思考:$\angle APB$ 的度数应该如何度量呢?

这时学生可能出现各种思路,教师应对思路作跟踪追击,在学生发生困难时,教师可以在学生已有思路的基础上,作适当引导。下面就是引导方案之一。

(3) 特殊化思考:在一般性问题难以解决的时候,可作特殊性思考,问题(1)中的 $\angle AOB$ 和问题(2)的 $\angle APB$ 相比较,特殊在 $\angle AOB$ 的边都通过圆心 O,那么可否先考虑介于(1)和(2)之间的情况,即 O 在 PA 边上的情况呢?

(4) 再特殊化:当 P 在 AO 上运动时,$\angle APB$ 仍然不是定值,能否考虑更特殊的情况,比如 P 点在圆周上(直径的端点),不难得到 $\angle P = \dfrac{1}{2}\angle AOB$。

(5) 一般化:解决了问题(2)的特例,现在回到比较一般的情况。例如,圆心不经过角的任一边,会有何结论?$\left(\text{仍然有 } \angle P = \dfrac{1}{2}\angle AOB\right)$

(6) 再一般化:回到问题(2),思考能否将问题(2)转化为已经解决了的问题?这时已经得到的结论是否仍然成立?

至此,我们发现了一类角及其度量方法。这类角的顶点在圆周上,两边都和圆相交,我们把它定义为圆周角。

给出圆周角定理,并将证明过程加以整理。

(7) 再一般化:给出圆外角和圆外角度量定理。

(8) 概括、小结、整理。

上述教学设计,清楚地揭示了圆心角、圆周角、圆内角和圆外角的联系,不仅突出了知识结构,而且突出了化归的基本方法,可使教学取得令人满意的效果。这个教学设计充分暴露了数学概念的形成过程,体现了数学概念往往是在人们对概念的内涵有了较深刻的认识以后才产生的认识规律。

再以解答数学问题为例。

教师往往不是当面引导学生共同思考,而是带回去,然后再拿出一个完善、深奥的解答给学生,学生看到的只是教师成功的结果(似乎是天上掉下来的),看不到教师失败、受困与挣脱困境的过程;学到的只是一道题的解答,只是一招一式,无法体验“失败是成功之母”这条哲理的深刻内涵,著名数学家华罗庚教授把这种现象喻为“只把做好饭拿出来”,他主张教师当堂解答,向学生交代清楚自己的思维过程,把学生放到逆境中锻炼成长。下面通过具体例子说明如何向学生交代解决问题的探索过程。

课题 求函数 $y=\dfrac{\sqrt{7x-3}}{x}$ 的最小值，其中 $x\in\left[\dfrac{1}{2},3\right]$。

某教师在讲授此题时，给出了两个解法。

解法 1 设 $y=f(x)=\dfrac{\sqrt{7x-3}}{x}$，在 $\left[\dfrac{1}{2},\dfrac{6}{7}\right]$ 内 $f(x)$ 是单调递增函数，在 $\left[\dfrac{6}{7},3\right]$ 内 $f(x)$ 是单调减函数（证略），且 $f\left(\dfrac{1}{2}\right)=f(3)=\sqrt{2}$，故得 y 的最小值为 $\sqrt{2}$。

解法 2 $\because x\in\left[\dfrac{1}{2},3\right]$，$\therefore$ 下列不等式成立

$\left(x-\dfrac{1}{2}\right)(x-3)\leqslant 0$（当且仅当 $x=\dfrac{1}{2}$ 或 $x=3$ 时取等式），

展开得：$2x^2-7x+3\leqslant 0$，

即 $\sqrt{2}\leqslant\dfrac{\sqrt{7x-3}}{x}$，

故 y 的最小值等于 $\sqrt{2}$。

以上两种解法既"简"且"奥"给人以美的享受，然而不向学生交代方法的来历，使学生感到结果"从天而降"。

下面介绍一种突出解题的探索过程的讲法。

第一个念头：设法将 $y=\dfrac{\sqrt{7x-3}}{x}$ 化为 x 的有理式，然后再求 y 的最小值，由于 $x\in\left[\dfrac{1}{2},3\right]$，所以 $y>0$，因此原不等式在 $y>0$ 的条件下，可以两端平方，解同解方程：

$y^2=\dfrac{7x-3}{x^2}$，

可化为 $y^2x^2-7x+3=0$，由于 x 为实数，$\Delta\geqslant 0$，即

$\Delta=(-7)^2-4\cdot y^2\cdot 3=49-12y^2\geqslant 0$，

$y\leqslant\dfrac{7\sqrt{3}}{6}$，

即 $0\leqslant y\leqslant\dfrac{7\sqrt{3}}{6}$。

这说明 y 的值不能大于 $\dfrac{7\sqrt{3}}{6}$，如果有机会使等式 $y=\dfrac{7\sqrt{3}}{6}$ 成立，那么 y 的最

大值等于 $\dfrac{7\sqrt{3}}{6}$ 这是容易办到的：以 $y=\dfrac{7\sqrt{3}}{6}$ 代入 $y^2x^2-7x+3=0$，解得 $x=\dfrac{6}{7}$

$\in[\dfrac{1}{2},3]$，故当 $x=\dfrac{6}{7}$ 时，获得最大值 $\dfrac{7\sqrt{3}}{6}$。

非常可惜，本问题是要计算 y 的最小值，因此，不得不转入第二个念头：

设 $f(x)=\dfrac{\sqrt{7x-3}}{x}$，由于 $x=\dfrac{6}{7}$ 时，$f(x)$ 取得最大值。现在自然要考察一

下区间端点的值。即 $f\left(\dfrac{1}{2}\right)$，$f(3)$。事实上，$f\left(\dfrac{1}{2}\right)=f(3)=\sqrt{2}<\dfrac{7\sqrt{3}}{6}$。$\sqrt{2}$ 是

不是最小值呢？

如图 5-2，如果能证得 $\left[\dfrac{1}{2},\dfrac{6}{7}\right]$ 是 $f(x)$ 的单调递增区间，$\left[\dfrac{6}{7},3\right]$ 是 $f(x)$

的单调递减区间，那么立即发现：当 $x=\dfrac{1}{2}$，3 时，$f(x)$ 取得最小值 $\sqrt{2}$。

于是剩下的问题是证明下列两个命题成立。

命题甲 当 $x\in\left[\dfrac{1}{2},\dfrac{6}{7}\right]$ 时，函数是单调

递增函数；

命题乙 当 $x\in\left[\dfrac{6}{7},3\right]$ 时，函数是单调

递减函数。

事实上，可以证明以上两个命题都成立

（略）。

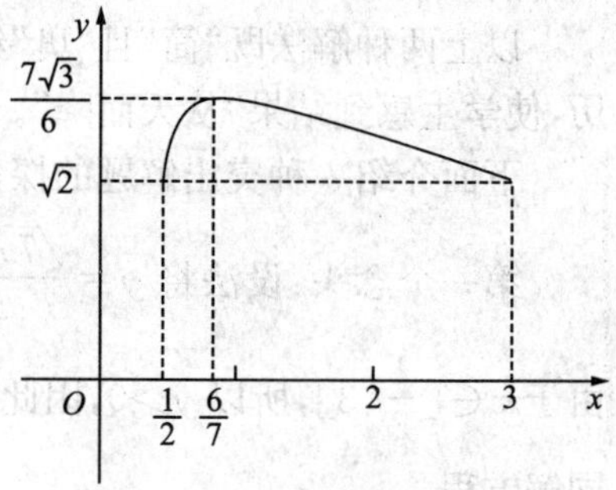

反思 将 $\left[\dfrac{1}{2},3\right]$ 分成两区间 $\left[\dfrac{1}{2},\dfrac{6}{7}\right]$ 与

图 5-2

$\left[\dfrac{6}{7},3\right]$ 再从论证它们的单调性入手去解决

问题，显然解法粗俗，是一条较为麻烦的途径，然而，走完这条路之后，稍加思

考，就容易另辟一条思路。

由于 $f\left(\dfrac{1}{2}\right)=f(3)=\sqrt{2}$，设法证明，当 $x\in\left[\dfrac{1}{2},3\right]$ 时，不等式

$$\dfrac{\sqrt{7x-3}}{x}\geqslant\sqrt{2}$$

总成立。

这是轻而易举的事,因为只要证明当 $x \in \left[\dfrac{1}{2}, 3\right]$ 时不等式

$$\sqrt{2} \leqslant \frac{\sqrt{7x-3}}{x}$$

成立,也就是只要证明不等式

$$2 \leqslant \frac{7x-3}{x^2}$$

成立即可,或证 $2x^2 \leqslant 7x-3, 2x^2-7x+3 \leqslant 0, (2x-1)(x-3) \leqslant 0$ 成立,而当 $x \in \left[\dfrac{1}{2}, 3\right]$ 时,$(2x-1)(x-3) \leqslant 0$ 显然成立。改写成综合法即得开始的证明。

2. 重视数学认知结构的原则

现代认知学习理论的代表人物是布鲁纳和奥苏伯尔,他们认为学习中存在着一个认识过程,学习是通过认知获得意义和意向形成认知结构的过程,是认知结构的组织与重新组织,现代认知学习所谓的认知结构,可以简单地认为是头脑中形成的经验系统,人的认识活动按照一定的阶段顺序组成,发展成对事物的结构认识后,就形成认知结构,其组成部分包括:知觉范畴、比较抽象的概念、主观臆测或期望等,新的信息就是根据上述这些组成部分被加工整理的。在学习中,那些新的观念、信息、经验等新事物或者同化于原有知识结构,或者改组扩大原有的知识结构,产生新的范畴。现代认知学习理论比较符合教学实际,能比较满意地解释学习的过程。现代认知结构学习理论,都重视内在学习动机与学习活动本身带来的内在强化作用。布鲁纳和奥苏伯尔在对于如何获得新的知识的过程所强调的侧重点略有不同,布鲁纳强调发现,奥苏伯尔强调接受。布鲁纳在学习上主张"发现学习",他认为,从本质上讲,学生和科学家的智力一样的,无论是掌握一个概念,或是解决一个问题,还是发现一个科学理论,都是一个人的认识过程,是通过主动地把进入感官的事物进行选择、转化、储存和应用而进行的,因而在学习上主张"发现学习"。他认为,学习者在一定情境中对学习材料的亲身体验和发现的过程,才是学习者最有价值的东西。因此,他强调教师应当制定和设计各种方法,创设有利于学生发现、探究的学习情境,使学习成为一个积极主动的"索取"过程,充分发挥学生主体自我探究、猜测、发现的自然倾向。奥苏伯尔是当代认知学派的主要代表人物之一,他认为,学生在学校里的学习,主要是通过言语形成理解知识的意义,接受系统的知识。因此,他提出了一个"有意义学习"的新概念,要使学生成为有意义的学习者,必须具备三个条件:第一,学习材料对学生有潜在意义;第二,学习者认知结构中

具备适当的观念用来同化新知识;第三,学习者要具有意义学习的心向。具备了以上三个条件学生就能把新知识同化到原有的认知结构中,从而获得新知识。在学习上,他认为学习者已有的认知结构要和所学有意义的材料结合起来,把这两个"结构"融会贯通,才能学得好。

从现代认知学习理论中,我们可以得到如下一些启示:

(1) 重视内部动机对学习的作用。

(2) 创造条件让学生在学习过程中进行探究、猜测和发现。

(3) 良好的认知结构可以简化知识,可以产生新知识,有利于知识的利用,有利于知识的迁移。

(4) 在向学生输入新的知识信息时,注意充分利用学生原有认知结构并使其发挥积极作用,努力寻找新知识的生长点。如果新的知识与原有知识有脱节现象,必须做好"架设认知桥梁"的工作。

(5) 承认学生存在着固有的认知结构。

(6) 承认学习的过程是认知结构将外界知识的内化过程。内化过程是学生按照自己的理解,用内部语言纳入已有认知结构的同化过程。

(7) 在这个过程中,认知结构得到新的扩展与完善,更加符合于客观世界,所以又是一个顺应的过程。

(8) 教师不可能"灌入知识或单纯从外部改变学生的认知结构,教师只能起催化、协助作用",思想应在学生的头脑中产生出来,而教师只起一个产婆的作用。

重视数学认知结构的教学原则,简单地说来,就是要把发展学生的数学认知结构看成是数学教学的归宿和手段。

归宿:指把发展学生的认知结构,健全学生数学知识的内容、观念和组织,实现数学知识结构与数学能力结构在学习者头脑中的统一,看成是数学教学中的一项重要任务。

手段:指在数学教学中,要努力发挥学生已有的认知结构的作用,努力提高原认知结构的可利用性、稳定性与清晰性,为将新概念、新信息融入已有的认知结构创造条件。

具体地说,重视数学认知结构的原则要求我们注意以下几点:

(1) 明确数学教学内容即思维的对象和材料不是零碎的数学知识,而是形成了结构的数学体系。因此,要十分注意数学知识的整体性、系统性和知识之间的联系,要提高学生对数学整体结构的认识。

(2) 明确数学能力并不是解题技巧、方法及其由它们组织起来的整体,其核心部分则是数学思维能力结构。

（3）数学教学应该通过建立一个良好的教学结构方式来实现发展学生认知结构的目的，达到知识结构与认识结构的统一。

以同类项概念教学为例，探讨重视认知结构教学的意义。有一节初中数学"合并同类项"的观摩课，教学安排如下：多项式的概念，通过举例观察，比较得出同类项定义，练习判别同类项，由例题引出"合并"的概念，从小学逆用分配律的乘法连加 $3\times1999+7\times1999=(3+7)\times1999$ 得出合并的根据、法则、完成例子、注意事项、练习与布置作业。

从形式上看，教师讲练有序，分析细微，节奏鲜明，学生也会做题，是比较完美的。但总有一种感觉，学生是在被牵着走。我们不禁提出这样的问题，学生能做题，是不是就了解了"合并"的本质？

其实，"合并同类项"这个新知识与学生已有的知识结构有着密切的联系，小学乘法连加计算中逆用分配律，提出公因数如 $3\times1999+7\times1999=(3+7)\times1999$，实质上就是合并。所新之处，是把算术上的具体数字变为代数中的符号字母，把具体数字运算技巧总结为一类运算规律，这个从数到式的抽象，是从算术到代数的"质"的飞跃，体现了"符号化"这一基本数学方法，从某种意义上讲，渗透这种本质的变化，才是更深刻的教学目的。

于是可建议，就从复习小学算术的乘法连加简便算方法入手，由 $3\times17+7\times17$，$3\times17\times23+7\times17\times23+2\times17\times23$ 观察、找规律，用字母代替数，着重解决：① 什么条件可以合并？——同类项的概念。② 怎样合并？——合并同类项的法则。再把它们和多项式的概念相结合。

在此例中，找到了新知识的"生长点"，就是小学乘法中的"连加简算"，再利用迁移的规律，发挥学生原有认知结构的作用，促进新知识结构的形成。

再如鸡兔同笼问题：鸡、兔共有头 18 个，脚 60 只，问鸡、兔各有多少只？

第一种解法

古老的解法是"假想"这 18 只都是鸡或都是兔：如都是鸡，共有 $18\times2=36$（只）脚，$60-36=24$（只）脚，应该是兔子的脚，兔子数应为 $24\div2=12$（只）兔子。如都是兔子，共有 $18\times4=72$（只）脚，$72-60=12$（只）脚，应都是给鸡多算的脚，故 $12\div2=6$（只）鸡。

这种方法，思路精巧，但很多学生想不通：明明有鸡有兔，为什么假设只有一种呢？

第二种解法

如果所有的鸡都"金鸡独立"，同时所有的兔都用后脚直立起来，就容易发

现:所有的脚的一半与头数之差正好是兔子的只数。即:

(60÷2)－18＝12(只)

这种方法奇妙有趣,但犹如天外奇想,学生们难以想象。

第三种解法

问:兔 4 只脚,鸡 2 只脚,是不是不公平?

答:(思考后)不是不公平,鸡还有 2 只翅膀。

问:如果翅膀都看成是脚的话,共有多少只脚?

答:18×4＝72(只)脚。

问:题中翅膀算不算脚?

答:不算!

问:那么有多少只翅膀呢?

答:72－60＝12(只)翅膀。

于是,学生立刻兴奋地说:6 只鸡!

这种解法从学生的常识出发,自然引出答案,与学生的经验一致,实际上是得用自己的经验建立了对问题解法的理解。

实事求是地说,没有一个人真正能"教"数学,好的教师不在于能教数学,而在于关心如何提高学习动机和兴趣,增强教学内容与日常生活或以往学习经验的联系,激发学生固有的质,自己去学习数学,只有当学生通过自己的思考建立起自己的数学理解力时,才能真正学好数学。

扩大或改善学生的认知结构是数学教学的根本任务,而在这一变化过程中,教师要想方设法为学生的认知结构的改善创造条件。

[日] 藤井齐亮先生为了考查学生对不等式的认知情况,创设了下面的教学情境:

师:请解不等式 $x-2>5$。

生:$x-2+2>5+2$,即 $x>7$。

师:为什么要在不等式两边同时加上 2 呢?

生:在不等式 $2<3$ 两边同时加 1,或加 100,都不会改变。

师:这里有不改变的意见,它指的是什么不改变呢?

生:不等号方向不改变(从表面上看,多数人赞成这个回答)。

师:如果在不等式较大一端加较大的数 2,同时在较小一端加一个比 2 小的数(比如 1),那么不等式方向也不变。例如 $x-2+2>5+1$,即 $x>6$ 这两种解法的结果就不同了,这是怎么回事?……

上述教学情境中学生心理上至少产生三种认知冲突:

① 就结果来说，$x > 7$ 与 $x > 6$，哪个正确？

② 就解题方法来说，"不等式两边同加一个数"与"不等式较大一端加较大数，同时在较小一端加较小数"，哪个正确？

③ 就两种解题方法的根据来说："$a > b \Rightarrow a + c > b + c$"与"$a > b, c > d \Rightarrow a + c > b + d$"，哪个正确？

教师将以排除学生认知冲突为契机，加深学生对解不等式和证明不等式变形条件（即等价变换与推出变换）的理解，以进一步完善学生关于不等式性质的认知结构。

3. 归纳与演绎并用的原则

首先说明一下归纳与演绎的关系。我们知道，数学中最基本的推理方法就是归纳法和演绎法。归纳推理和演绎推理是根据思维过程的不同加以区分的。归纳是由个别到一般的推理，演绎是由一般到个别的推理。归纳和演绎是两种不同的思维过程，但它们又有着密切的联系，这种联系表现在两个方面：一方面，从演绎的前提看，它最初的基础是从原始概念和数学公理开始的，而所谓的原始概念和数学公理都是从实践中归纳出来的，从演绎所要证明的定理、公式、法则来看，这些结论开始也是人们在实践中通过归纳猜想而得到的。而后才是对它们给予演绎证明。因此，演绎以归纳为基础，归纳为演绎准备了条件。另一方面，从归纳的前提看，归纳对于所考察的每一个特殊结论一般都经过演绎思考的，从归纳的结论来看，它的正确性也需要经过演绎证明才能确认。因此，归纳以演绎为指导，演绎为归纳提供了理论依据。

从归纳与演绎的关系我们不难看到，归纳的过程蕴含着数学问题的猜测与发现的过程，归纳法具有一定的创造性。演绎过程是对数学问题的证明、整理的过程，演绎法是扩展数学知识体系，揭示知识的内部联系的主要方法。因此，归纳和演绎在数学理论形成和发展的过程中，都有起着十分重要的作用，这也意味着在数学教学中，必须正确处理好归纳与演绎的关系，使学生的演绎推理、归纳推理能力都得到培养。

然而，在现实的数学教学中，普遍存在着重演绎而轻归纳的现象。反映在教材处理和教学方法上，似乎力求把数学知识组织成演绎的逻辑体系来进行教学，把学生注意力吸引到形式论证的"严密性"上去，对于如何教会学生寻求真理、发现真理的本领不够重视，在一定的程度上，忽视了归纳推理在数学活动中的重要性。中学数学教学中，重演绎轻归纳的现象有三种情况：第一，在概念教学中，重视对概念的解释和运用概念进行解题的教学，而忽视对形成概念的背景材料的归纳与概括过程的教学;第二,在公式、定理教学中,重视对公式、定理证明的教学,而忽视通过放手让学生去实践从观察、归纳、猜想中得出结论的教学;第三,在解题教学中,重视给出一个完美解答模式的教学,而忽视引导学生共同思考、挣脱困境获得解题方式归纳过程的教学。事实上,科学认识总是归纳与演绎的结合,过分重视演绎推理能力训练的教学,往往掩盖了一个最重要的事实:在数学的实际创造性活动中,观察、归纳和猜想起到了不可或缺的作用。

当然,在我们分析重演绎轻归纳的现象时,也不能忽视另一种情况,看重归纳并排斥演绎。认为演绎是从一般到个别的推理,因而运用演绎法得不出什么新的结论来,只有归纳法才能发现新的东西。这个观点也是片面的。因为,认识了一般不等于认识了所有的个别情形,要判定某个复杂的个别结论是否真实可靠、是否为一般结论下的逻辑结果时,正需要利用多个一般性结论进行演绎论证。一般结论与个别结论之间的关系有时并非一目了然,要确认个别结论为真理常常需要艰苦的演绎工作。所以学会演绎不仅使人思维清晰、严密,而且也是发现和确认真理不可缺少的部分,同时不完全归纳所得出的结论也并不总是正确的。

重演绎轻归纳、重归纳轻演绎的做法都是片面的。伟大导师恩格斯指出:"正如分析与综合一样,归纳与演绎是必然联系着的,不应当牺牲一个而把另一个捧到天上去,应当把每一个用到该用的地方,而要做到这一点,就只有注意它们的相互联系,它们的相互补充。"著名数学教育家波利亚也十分强调数学知识的双重性,即"归纳与演绎"的双重性,因此,我们提出"归纳与演绎并用"的教学原则,就是要正确处理好归纳与演绎的关系,教学中不仅要表现知识的结果和状态,还要突出知识的演化和过程。具体地说,在教材处理上,要求使课堂教学充分显示出具有"双重性"的教学内容,充分体现知识发生过程的"归纳性"材料;在教学方法上,要引导学生像科学家发现真理一样去学习,一方面鼓励学生善于归纳,大胆猜想,另一方面又要引导学生善于运用演绎推理的方法,对猜想进行证明和整理。

例如,有一节关于"三角形内角和"的课堂教学,可以看成是典型的重演绎轻归纳现象。该教师采取先让学生看课本上的定理全文,然后再通过实验的方法进行验证。在定理证明教学时,也是先让学生看看课本证明的全文,然后再回答辅助线是怎样添加的等问题。这样处理是纯演绎性教学法的典型案例,学生的学习过程,仅仅是在知道结论的基础上,作一些反思,由于缺少归纳与猜想的过程,因而数学发现的过程被彻底忽视,学生数学能力得不到培养。

另外一节"三角形内角和定理"课是这样设置的。在提出三角形三个内角之间有什么关系问题后,设计了如下实验:用橡皮筋构成△ABC,其中顶点 B、C 为定点,A 为动点(如图 5 - 3),放松橡皮筋后,点 A 自动收缩于 BC 上。请同学们考察点 A 变动时所形成一系列三角形△A_1BC,△A_2BC,△A_3BC,……,其内角会产生怎样的变化?

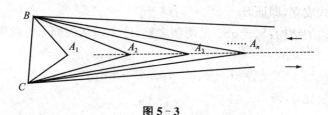

图 5 - 3

在上述实验的基础上,学生可能得到下面结论:

(1) 三角形各内角的大小在变化过程中是相互联系,相互影响的。

(2) 三角形的最大内角不会等于或大于 $180°$

(3) 三角形 ABC 中,当 A 点离 BC 越来越近时,∠A 越来越接近 $180°$,而其他角越来越接近于 $0°$;当 A 点远离 BC 时,∠A 越来越小,逐渐趋近于 $0°$,而 AB 与 AC 逐渐趋向平行,∠A、∠C 逐渐接近为互补的两个同旁内角,即∠A+∠C→$180°$。

(4) 猜想:三角形三个内角和可能是 $180°$。

本节课精心设计了实验,遵循了从生动的直观到抽象、归纳到演绎的认识规律,力求最大限度调动学生学习的积极性,力求把教的过程转化为学生自我观察、归纳、猜测、论证、探索、发现的过程,学生的数学学习能力会得到了充分的提高。

又如,等比数列前 n 项和公式的教学。为了探求"错位相减法"的由来,可由归纳入手,得到猜想,然后再由分析法和综合法给出公式完美的推导过程。

以国王奖励象棋发明人的故事引出等比数列 $S_{64}=1+2^1+2^2+\cdots+2^{63}$ 求和问题,然后把上述问题一般化,就是如何求等比数列前 n 项和 $S_n=a_1+a_1q+a_1q^2+\cdots+a_1q^{n-1}$ 的问题。

当 $q=1$ 时,$S_n=na_1$。

当 $q\neq1$ 时,从特殊情况考察起:

$S_1=a,S_2=a_1(1+q),S_3=a_1(1+q^1+q^2),\cdots,S_n=a_1+a_1q+a_1q^2+\cdots+a_1q^{n-1}$。

以 S_3 为突破口,由 $S_3 = a_1(1+q^1+q^2)$ 联想到 $1-q^3 = (1-q)(1+q^1+q^2)$ 推得 $1+q^1+q^2 = (1-q^3)/(1-q)$,于是有 $S_3 = a_1(1-q^3)/(1-q)$,类似地可将 S_2,S_1 变形,即 $S_2 = a_1(1-q^2)/(1-q)$,$S_3 = a_1(1-q^3)/(1-q)$。

由 S_1,S_2,S_3 归纳猜想,可能有 $S_n = a_1(1-q^n)/(1-q)$,试图证明此式成立。

要证上式成立,即证 $S_n - qS_n = a_1(1-q^n)$。

观察左边的结构:$S_n - qS_n$ 是两项之差,这个差从何而来? 此时会自然地想到要在

$$S_n = a_1 + a_1q + a_1q^2 + \cdots + a_1q^{n-1} \tag{1}$$

两边同乘以公比 q,得

$$qS_n = a_1q + a_1q^2 + a_1q^3 + \cdots + a_1q^{n-1} + a_1q^n \tag{2}$$

然后(1)、(2)两式求差即可,如此得到课本上的"错位相减法"。此时可自然地引出"错位相减法"。

4. 揭示数学背景的原则

背景是依赖于自然而然地产生问题的生活场景或较为初级的数学活动,这个问题既能反映和覆盖整个单元的知识的核心或由来,同时又涉及到先前观念。世界是一个整体,人们在生活中所观察到的现象,尽管还仅仅是表面的,但已经蕴含了其在下一个认识层次所会遇到的问题。数学背景则是指数学知识产生所必须依赖的数学历史情境或数学现实环境,是数学知识产生的必然。数学理论的建立必有其一定的背景,或因数学外部客观实际的需要,或因数学内部自身矛盾的解决,数学家在满足实际需要和解决数学自身矛盾的过程中建立了新的数学。第一次数学危机的产生促使人们进一步去认识和理解无理数,另一方面导致了公理几何学和古典逻辑的诞生。17 世纪工业革命引出了速度问题、切线问题、极值问题和求积问题,于是微积分理论应运而生。数学知识产生的这一背景因素同样生动地反映在中小学数学教材各知识点之中,数学课堂教学就应该在揭示数学知识的背景过程中,使学生既知道是什么,又知道为什么,简单地说就是来龙去脉,就是要从广泛得多的角度来向学生介绍数学思想、发展规律和背景。

数学家徐利治说过:"如果一位数学教师只给学生讲清楚一些数学定理的形式演绎论证步骤,不指出那些定理的直观背景和整个来龙去脉,那就是所谓'见树不见林'。优秀的数学教师当然都会让学生既见树又见林,教师本身对数学题材有一番直观的整体认识和分析概况,使题材内容成为他自己脑海中非常

直观浅显的东西,这样才可能诱导学生从直观上真正弄懂所学知识。"史宁中教授认为:"我们学习的数学,虽然表现形式是第二次抽象,但我们必须讲第一次抽象,讲具体的背景,不要遨游于一大堆抽象的符号之间,要有感性认识,要建立起直观来,有了直观才能判断。"他还说"虽然数学的表达是符号的,但在教学中是要有背景的"。

例如,在有了倾斜角概念完全可以刻画直线的倾斜程度的条件下,为什么还要建立直线斜率的概念?直线上的动点(x,y)与作为不变量的倾斜角,不能直接建立其关系,必须将倾斜角代数化,这样才能将变量(x,y)和不变量斜率建立起联系,这就是建立直线的斜率概念的数学背景。在对斜率代数化时为什么使用了正切而不是正弦或余弦,是因为正切函数的单调递增性。无论是锐角还是钝角,都是倾斜角越大斜率越大,正弦或余弦函数达不到这个效果。

又比如,负数的产生源于两个背景:首先是客观实际的需要。现实世界中广泛存在着具有相反意义的量,而量与量发生作用时需要数学方法去解决,已有的数不够用了。其次是数学自身和谐的需要。负数的引入要满足数系扩充的基本思想,把算术数集扩充到有理数集时,要让学生清楚新与旧的差异、新与旧的不同意义(例如 0 不再表示没有,乘法有了新的含义),同时还要使学生明白,负数引入之后,即有理数集建立以后,原来的算术数集仅仅是新数集的一种情况,互相并不排斥(运算关系、交换律等主要性质、解决问题时原来用的运算方法在新数集仍然保持)。

因此,学生学习负数时就应该讲清楚负数产生的背景。教师在引导学生认识负数时,可以温度的变化、海拔的高低、效益的盈亏等生活现象为现实背景,说明实际生活当中存在着大量具有相反意义的量,进而研究如何用数来表示它们。首先,如果仍旧用以前学过的数来表示,就必须用语言来指明方向(如零上5℃,零下 5℃)。显然,这种表达方式不够简洁,也不便于统计,所以要建立一个新的数来解决上述问题。由此,引进表示相反关系的一对符号"+"和"−"。接着,师生共同归纳出负数的意义,即用以前学过的数(零除外)前面放上"−"号或"+"号来表示相反意义的量,从而引出负数和正数。通过上述教学情境的引导,学生不仅了解了负数产生的背景和意义,同时为以后数的概念进一步扩充奠定了坚实的思想基础,这才是学习负数真正的落脚点。仅仅从海拔和天气报告温度的表示中见到带"−"号的数来让学生认识负数,学生得到的仅仅是一个符号而已,不可能真正地感悟到负数所蕴含的数学思想。

数学背景是指数学知识产生所必须依赖的数学历史情境或数学现实环境,是数学知识产生的必然。数学理论的建立必有其一定的背景,或因数学外部客观实际的需要,或因数学内部自身矛盾的解决,数学家在满足实际需要和解决数学自身矛盾的过程中建立了新的数学。数学课堂教学就应该在揭示数学知识的背景过程中,使学生知道数学知识的来龙去脉。

5.加强数学应用的原则

在相当长的时期内,数学教学中存在着一种普遍的偏差,无论是知识传授、技能训练,还是能力培养以及有关学习兴趣、学习态度方面的非智力因素教育,都在很大程度上是为升学考试服务的,为数众多的内容也只有升学的价值,因而那些升学无望的学生在年复一年地接受着升学考试的熏陶,他们一旦走向社会必然会出现多方面的不适应。如个性品质上的不适应,数学知识、技能上的不适应,数学能力上的不适应等。

在应试教育状况下,学生头脑中的数学知识与实际生活经验构成了两个互不相干的"认知场",似乎数学是书本上写的,老师讲的,它与现实生活全然无关。因此,我们认为改变这种状况的唯一途径,就是在数学教学中明确指出:通过数学教学,使学生养成运用数学的意识。所谓运用数学的意识,是指运用数学知识的心理倾向性。它包含两方面的意义:一方面,当主体面临有法解决的问题时,能主动尝试着从数学的角度,运用数学的思想方法去探求解决问题的策略;另一方面,当主体接受一个新的理论时,能主动探索这一新理论的实际应用价值。

"加强数学应用的原则"是由数学具有广泛的应用性特点决定的,数学与生活、生产有着紧密联系,这种联系在初等数学阶段以及现代各数学分支的建立初期表现得最为直接,它推动着数学的发展和数学教育事业的发展。因此可以说,生活、生产实际是数学发展的原动力,也是数学教育事业的原动力,加强数学与生活生产的联系,也必然是学生学习数学,掌握数学的原动力。因此,发展学生运用数学的意识,使他们在对数学的积极运用过程中,能充分体验数学的力量、数学的美。只有学生在各种各样的具体问题中最广泛地使用数学知识,才有可能培养学生的分析概括能力,数学中这种抽象概括能力与广泛应用性的辩证统一表明,培养学生运用数学的意识是促使学生形成健全数学头脑的极重要的因素之一。

众所周知,数学具有最广泛的应用性特点,它表现在如下几个方面:

① 数学提供了特有的思维训练;

② 数学提供了科学的语言表达;

③ 数学是人类文化总体的重要组成部分。

从现代角度看,数学已经渗透到我们日常生活所处的环境之中,数学的观念在众多层次上影响着我们的生活方式和工作方式。

(1) 日常生活需要数学。如在改善生活水平方面,马上能用到的知识,比如银行存款利率的优劣、商品价格的计算、看懂比例尺画的图、理解通货膨胀率的含义、家用电器的使用、对营养品认识和使用等,这些能力直接带来实际利益。这种数学的最基本应用,作为现代社会人的生活常识,是现代人的基本文化。

(2) 公民的数学意识是最基本的素质。如关于核扩散、税率、公共卫生、房价政策、房产政策、人口增长率、犯罪率等本质上与数学有关的内容,公民的数学意识,都直接影响着公民对国家政策的认识和理解,因此,数学成为"有见识的公民"的文化基础。

(3) 人们的职业离不开数学。如由于现代科学技术使工作场所"数学化",导致数学渗入到现代社会机体的每一个部分,现代化的趋势使工作领域更少体力劳动而更多脑力劳动、更少机械的而更多电子的、更少例行公事的而更多随机变化的,现在更需要仅与以前上大学的极少数人相关的数学能力,同时也要成为所有人要达到的目标,数学是从事任何一项事业所必不可少的工具。

(4) 有文化的公民必须了解数学。数学与人类文化息息相关,数学文化在人类的文化中占有特殊的地位。正是这种地位决定了每个人都必须接受数学教育,这种教育并非要求每个人都成为数学家,而是要通过对数学的认识和理解,提高文化素质,成为现代社会发展所需要的人。

那么,如何通过数学教学来培养学生运用数学的意识呢?主要从两方面入手:一方面,应该把培养学生具有运用数学的意识落实到整个数学教学过程,这主要是因为,作为数学学科的双基的内容是相对稳定的,基础数学的体系一经确立,则在相当长的时期内可能不会有多大的变化。问题的关键在于,对于同一知识点,由于教学指导思想不同,其叙述方式、讲解方式以及相应的教学效果都会大相径庭。另一方面,也是最根本的方面,即打破传统的单纯的学科式数学知识体系,从社会需要、就业模式及学生实际情况和发展可能性出发,更新教学内容,使学生们尽可能多地接触一些与现实生活密切相连的,对学生的数学头脑有训练价值的应用性数学。因为,教育最终应符合社会发展的需要,应满足人的个性发展的要求。所有这些,目的无非是在于扩展学生的数学眼界,培养学生运用数学的意识,增强其走向社会的积极参与意识和适应能力。

以下列举两则案例说明加强数学应用教学的必要性和重要性。

某数学教材收录了如下问题,该问题有较强的现实意义,充分体现了数学的应用价值。问题:企业有 5 个股东,100 个工人,1990—1992 年间收益情况如

表5-1：

表 5 - 1

年份	股东红利(万元)	工资总额(万元)
1990	5	10
1991	7.5	12.5
1992	10	15

将表中数据用图表示出来(如图5-4)。

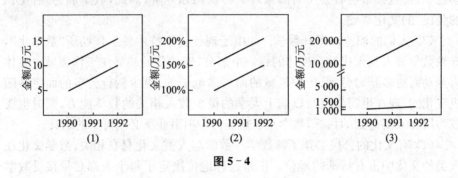

图 5 - 4

图5-4(1)由股东画,图5-4(2)由工会领导画,图5-4(3)由工人画。三幅图反映了工人、工会领导人、股东在为是否增加工资进行的一场激烈的谈判,请同学们仔细分析图表,说说每幅图所表达的含义?

事实上,图5-4(1)表明:两条平行线,表明劳资双方"有福共享,有难同当"。图5-4(2)表明:以1990年为100%,股东红利增长图200%,而工人总额仅为150%,所以应加速增长工资(从图形看,差距越来越大)。图5-4(3)表明:以股东和工人的个人所得计算,收入相差十分悬殊。

这道题依数据所画的图像更深入地描述了数据所表达的信息,因而十分有说服力。从这里我们也看到数学的正确运用与否已成为影响人生存的重要因素,加强数学应用能力的培养势在必行。

再举一"概率知识"在新闻调查中应用的案例。

问卷调查是社会科学中最常用的方法之一,有时研究人员需要用这种方法精确地测定持有一种特定信念或经常介入某种行为的人所占的百分比。这种调查要求从随机挑选的一个人群中得到对他们所提问题的诚实回答。问题的关键是既要收集到真实有效的信息,同时又能保护被调查者的隐私不受侵犯。这里利用"概率知识"建立数学模型,可以巧妙解决这一问题。

以调查吸毒人员比例为例,调查者设计两个问题,其中一个是无关紧要的问题:"你刚才所掷的硬币是正面朝上吗?"另一个是敏感的或涉及个人隐私的问题:"你是否吸毒?"然后要求被调查者掷两次硬币,第一次投掷硬币的结果作为第一个问题的答案,第二次投掷硬币的结果决定回答哪个问题(如规定:正面朝上回答第一个问题,正面朝下回答第二个问题)。由于两次掷硬币的结果都只有被调查者本人知道,因此被调查者可以诚实地回答选中的问题而不必担心暴露个人隐私。假设我们把这种方法用于 1000 个应答者并得到 300 个"是"的回答,请计算这群人的吸毒比例?因为掷硬币正面朝上的概率为 1/2,我们期望大约有 500 人回答了无关紧要的问题,其中大约有一半人(250 人)第一次所掷硬币正面朝上,回答了"是"。因此,在回答敏感问题的 500 人中大约有(300-250)=50 人的回答是"是"。因此我们估计这群人中大约有 10% 的人吸毒。

在加强数学应用教学过程中,谨防用人为编造又脱离实际的所谓"应用题"来训练学生的数学应用能力。

6. 渗透数学历史文化的原则

我国数学课程改革提出将数学史融入数学教学,课程标准指出:"数学课程应当适当反映数学的历史、应用和发展趋势",提倡体现数学的文化价值。数学家克莱茵对数学史在数学教育中的作用寄予极高的愿望。他认为数学史可以提供整个课程的概况,使课程的内容相互联系,并且与数学思想的主干联系起来,可以让学生们看到数学家们的真实创造历史——如何跌跤、如何在迷茫中摸索前进,从而鼓舞起研究的勇气,从历史的角度讲解数学,是使人们理解数学内容和奖赏数学魅力的最好方法之一。数学家吴文俊说过:"数学教育和数学史是分不开的。"

通过对数学史的学习,帮助学生了解数学知识的来龙去脉,了解数学概念的背景材料,使学生懂得数学来源于实践又反过来作用于实践,懂得数学知识是相互联系和不断变化的,从而树立辩证唯物主义和历史唯物主义的世界观。通过对数学史的学习,有助于学生了解数学理论和数学思想方法的形成过程,了解数学各分支之间的联系以及数学与其他科学之间的联系,能全面深刻地理解数学知识,从而加深对数学本质的认识。数学作为人类文化的一部分,其根本特征是表达了一种勇于探索的精神。这种探索精神将不断促进人类思想的解放,使人成为更完全、更丰富、更有力量的人。所以,在数学教学中必须充分发掘数学的文化教育功能。教学中,一方面既教证明,又教猜想;既教探索,又教发现;另一方面,注意适时介绍数学家的成长经历和伟大成就,引导学生学习数学家的伟大献身精神及其崇高品质,从而激发学生的学习热情与毅力,使他们树立勇攀科学高峰的信心和决心,这正是数学文化育人的真谛。

以几何教学为例,如果在教学中适当渗透《几何原本》诞生的背景以及《几何原本》对人类文化的影响,那么学生一方面学到了其中有用的、美妙的定理,另一方面学生学会了以简驭繁、以少胜多的推理方法,更能使学生感受到人类理性精神的伟大。由此可见,几何教学的价值不仅仅在于几何知识、方法的学习和它的智力价值,更在于让学生感觉到它的文化价值。而传统几何教学更多强调的是几何证明的能力和逻辑思维能力的培养,原因就在于对《几何原本》产生的历史背景和意义缺乏重视。

再以概念教学为例。函数在中学是分初中、高中两个阶段学习,初中有函数定义,高中再次给函数下定义,那么无论是初中教师还是高中教师都必须弄清楚这两个定义之间的关系,并在教学中处理好衔接问题。而要做到上述要求,必须首先清楚函数的历史演化过程,然后再将函数思想的演化过程渗透在教学之中。函数概念在历史上演化了 300 多年的时间,自 18 世纪以来,函数概念在不断明确、完善,它的发展经历了七次扩张,寻觅精确定义的接力棒一代一代往下传,其中最关键的转折可归结为三个阶段:① 约翰伯努利和欧拉时期,提出了函数完整的概念,把它理解为相依变量或解析式;② 柯西、黎曼、狄利克雷,第一次明确提出"对应"的概念,并利用它定义函数,奠定了近代函数概念的基础;③ 从皮亚诺开始,广泛使用集合概念,提出严格的现代函数概念,纠正了以前各种函数定义含糊之处,出现了高中、大学以及现代数学中函数的精确化概念。更概括地说,函数概念经历了"变量说"、"对应说"和"关系说"三个阶段。

某高一教师在进行函数概念教学时,为了充分暴露函数概念的形成过程,反映函数概念的历史进程,在教学过程中了确定如下设计思想:① 引导同学自己去发现(初中:变量说)传统定义之不足(看出其局限性);② 让同学自己去"完善"概念,使函数定义具有足够的广泛性(观念上的更新!);③ 灌输改革意识,促成学生从变量观向集合观的转变,从而启发同学要敢于质疑,善于提出和发现问题。

教学情境设计了如下:设 $A(0,1)$、$B(1,1)$ 为定点,P 点在 x 轴上运动,其坐标为 $(x,0)$,又设 $\triangle PAB$ 的面积为 y,试问 y 是否为 x 的函数?

这一教学设计揭示隐含在教材中的数学思想方法,展现了数学知识的形成、发展的轨迹,突出了函数概念的演化过程,注意应用科学方法论观点揭示和探索数学知识之间的联系,充分体现了课堂教学中要充分暴露数学思维过程的要求,也充分发挥了学生头脑里原有认知的作用,使新的概念在学生头脑中产生出来。

学生在上述问题面前,可能会产生两个冲突:其一是,基于函数原有概念,认为 y 不是 x 的函数;其二是,这个例子从本质上看仍然反映两个量之间的依存关系,即认为运动变化并非函数的本质,依赖关系才是本质。

一般地,数学史融入数学教学的方法:附加式——展示有关数学家的图片,讲述逸闻趣事,不直接改变教学内容的实质;复制式——直接采用历史上的数学问题、解法等;顺应式——根据历史材料,编制数学问题;重构式——借鉴或重构知识的发生、发展历史。

7. 融辩证逻辑思维能力培养的原则

数学中含有丰富的美学因素与辩证法思想,这是人所共知的;但哲学与美学对数学学习带来深远的、积极的影响,却往往被人们忽视。教学中如何处理好数学、美学、哲学三者的辩证关系,更好地发挥数学教育在提高人的素质方面的功能? 应该在数学教学中贯穿观念教育。着重使学生树立正确的价值观念、整体观念、哲学信仰、审美意识等,在"教者有心,学者无意"中,潜移默化地向学生灌输科学的世界观和方法论,使理科教学能以更深层次、更自然的方式进行思想教育,发挥育人功能。所谓观念,这里是指人们对客观事物的基本看法和概括认识。例如,怎样看待自己,怎样看待数学,怎样看待问题,怎样看待周围环境,等等。因此,正确观念的树立,对于确立正确的人生观,调动人的积极性,使人的活动更加符合客观规律,从而对促进人的全面发展有着重要的意义。

自然科学研究者要学会运用辩证法。在阐述数学知识发生和发展规律之中,传播唯物辩证思维观;在剖析数学公式、定理之中,揭示解决数学问题的辩证思维过程;从方法论的哲学高度来阐明数学思想方法的实质;分析学生在学习中出现的典型错误,说明掌握辩证的思维方法对学习数学的重要指导意义。

例如,数系的对立与统一,体现了数学的辩证思维。同时也体现严谨的数学结构。

自然与不自然、正的与负的、有理与无理、实的与虚的、有限与无限这五对矛盾好像是不可调和,结果它们又非常和谐的统一在一个严谨的实数系和复数域里。

著名的欧拉公式:$e^{i\pi} + 1 = 0$,这个公式里出现五个数:0、1、π、e、i,其中有中性数 0,自然数 1,无理数 e、π,还有虚数 i,说明它们之间不是矛盾到不可调和,更说明它们能和谐亲密的相处,是完全可以互相转化的,因此它们是统一的。

如果以这个公式的改写和由来再加以剖析,"数系"这五对对立统一的辩证关系,就更明显地表露出来。

只要将 1 移到右端,

$$e^{i\pi} = -1,$$

两边再取对数就得:

$$i\pi = \ln(-1) \text{ 或 } i = \frac{1}{\pi}\ln(-1)、\pi = \frac{1}{i}\ln(-1)$$

这时显露出 π 与 i 之间的关系,它们不再神秘,也不是不可逾越的鸿沟。因为这时它们可以互相转化。

若 e^z 按复幂级数展开,得到 e^z 无限表示:

$$e^z = 1 + \frac{z}{1!} + \frac{z^2}{2!} + \cdots + \frac{z^n}{n!} + \cdots$$

再联系到正弦和余弦的幂级数展开,就得到:

$$e^{i\theta} = \cos\theta + i\sin\theta \qquad\qquad (\ast)$$

这里又揭露了有限与无限的对立和统一。e^z 用无限的幂级数来表示,从而得到它们之间的有限关系式($\ast$),同时又揭露指数、三角函数之间的有机关系;虚与实之间并不是完全对立的,虚与实只是一个统一体的两个侧面,它们之间存在着不可分割的密切关系。

正确世界观的形成,除了道德品质教育之外,重要的一条途径是通过学科知识的学习以及了解学科知识的历史发展,生动、具体、有效地培养辩证唯物主义、历史唯物主义的世界观。因此,通过揭示数学知识的联系和变化、阐述数学发生和发展的规律,在学生的头脑中逐渐编织成一幅关于自然界的辩证图景:世界是物质的,物质是运动的,运动是有规律的,规律是可以认识的,认识是无止境的。并掌握一种了解世界,探索世界的科学方法,树立为科学探索的献身精神。

马克思主义哲学是一门聪明学、智慧学。它不仅能弥补某些知识上的不足,使人能深刻地理解知识和方法,更能帮助人们进行新的探索、新的突破,并取得新的成就。

首先,自然科学的发展历史表明,任何一个自然科学家都离不开哲学。他们或是自觉地应用某种世界观和方法论,或是实际上自发地倾向某种哲学观点。其次,现代自然科学的一个重要发展趋势是,各门学科不断分化又相互渗透,边缘学科大量出现。因此,现代自然科学日益成为"联系的科学"。而辩证法是最完整、最深刻而无片面性弊病的关于联系和发展的学说。掌握唯物辩证法,才能揭示出从基本粒子到宇宙万物,从无生命到生命,从自然界到人类思维内在的辩证的演化。所以,科学技术愈要发展,愈需要有正确的哲学思想作指导。正因为如此,许多伟大的科学家都称颂自然辩证法就像一盏照亮通往揭开自然界之谜大道的明灯。爱因斯坦对于哲学和自然科学的关系曾作了一个生动的比喻:哲学是全部科学之母。而钱学森更加明确指出:"要有智慧,就必须懂得并会运用马克思主义哲学去观察分析客观世界的事物。这样,我们就重新肯定了哲学的涵义:智慧的学问;但更明确了,必须是马克思主义哲学。"

其实辩证法并不神秘,例如有一道题:"如图 5-5,两个半圆,大圆的弦 CD∥直径 AB,且与小圆相切,已知 $CD=24$,试求图中阴影部分的面积。"有人曾用它来考查过 2 名初一级学生,他们的解法却令人惊奇:当小圆的半径逐渐缩小以至变成一点时,$CD=AB=24$,故所求面积就是直径为 24 的半圆面积。

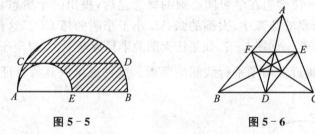

图 5-5　　　　　　　　　　　图 5-6

又如,一位刚学了三角形中位线定理还未学习相似形的初二学生,他认为三角形的三条中线应该相交于一点,理由是:如图 5-6,原△ABC 的三中线,也是中点△DEF 的三中线,如此下去,这些三角形最终变成一点。

尽管从严密性来说,上述的解法存在着漏洞,确切地说,他们是猜出(发现)结论而不是证明结论,但它却给我们留下一些值得思考的信息:对于中学生,辩证法也是可以接受的;他们已在有意无意中运用了辩证思维,用运动、变化、联系的观点去观察分析问题;辩证法确实使他们变得聪明,在一定程度上弥补了知识上的不足,像非智力因素可以弥补智力因素的缺陷一样,这是需要值得注意的。

必须强调,数学教师必须要创造条件,让学生舒展辩证思维的翅膀,学会运用辩证法。例如,要求学生从思想方法的高度分析自己出现的错漏;出一些需要抓住本质、分析矛盾、揭示联系、实现转化的题目,让学生在辩证法的指导下,发现问题的结论,选择解题的途径,设计解题的步骤等,增强解题的预见性和目的性;要求学生进行知识归类与总结。所谓知识归类或解题规律的概括与总结,并不是知识的堆砌和罗列,而是把所学过的知识系统化与规律化,并把纵横的知识沟通起来,把表面看来互不相关的、支离破碎的知识纳入一个系统中。因此,知识归类的实质就在于揭示知识间的辩证的内在联系,就是要完成学习由"厚"到"薄"的过程。在这里,所有的形式逻辑的推理方法都显得无能为力了。因而,知识的归类与总结,更离不开正确思想的指导。

下面特别讨论一下,在数学教学中如何使学生形式逻辑思维能力与辩证逻辑思维能力相协调发展的问题。逻辑思维能力的培养,理应包括形式逻辑思维与辩证逻辑思维,两者是互相促进、互为补充的。在培养学生形式逻辑思维的同时,有意识地发展他们的辩证思维,培养学生运用唯物辩证法的思想观点去观察、分析、解决问题,对优化青少年的思维品质,具有深远的意义。只有从形式逻辑和辩证逻辑两个不同侧面,对学生进行逻辑思维的培养和训练,才能使他们及早地迈上科学思维的道路。

例如,有一位学生在学习同心圆的概念之后,提出一个猜想,"两平行直线截同心圆所得的圆弧中,大圆的弧 AB 小于小圆的弧 CD。"这位同学的思维充满了辩证性。如图 5-7,如果让大圆的半径逐渐变大,以至于无穷大,那么$\overset{\frown}{AB}$便逐渐接近于两条平行线间的距离。这种思维既具有辩证性,又具有创造性。

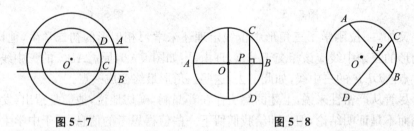

图 5-7   图 5-8

又如,平面几何中垂径定理、相交弦定理、割线定理、切割线定理等四条定理之间存在着辩证关系。其中垂径定理是相交弦定理的特殊情况,切割线定理是割线定理的特殊情况。如图 5-8 所示,不管 P 点在圆内还是在圆外,$PA \cdot PB$ 只与 P 点的位置有关,与过 P 点的弦或割线无关。因此,四条定理可统一叙述为:直线通过圆内或圆外一点 P,与定圆相交于 A、B 两点,那么 $PA \cdot PB$ 为定值。当定点在圆内时,定值等于经过定点的最短弦长一半的平方;当定点在圆外时,定值等于经过定点的圆的切线长的平方。

$$PA \cdot PB = PC^2 \text{(垂径定理)} \quad PA \cdot PB = PC \cdot PD \text{(相交弦定理)}$$

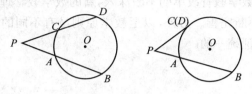

图 5-9

$$PA \cdot PB = PC \cdot PD（割线定理）\quad PA \cdot PB = PC^2（切割线定理）$$

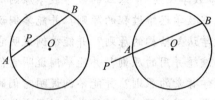

图 5-10

这里渗透了对立统一规律,是培养学生辩证逻辑思维能力的好素材。

传统的数学教学往往以成人之见去设置和理解教学过程,往往以既整理的知识形式和顺序看作学生学习时的形式和顺序,用形成逻辑思维代替了辩证逻辑思维。这是不符合学生认识的客观实际的。事实上,数学知识在人们的头脑中经历的是辩证思维过程,由不知到知,由少知到多知,在这一过程中又不断形式化,符合形式逻辑思维的规律。事实还表明,形式逻辑思维完成之后,仍然在继续着辩证思维的过程。

三、数学教学原则的选择

数学教学原则是教学规律的反映,是广大一线教师实践经验的结晶,对指导当前数学教学有很强的指导意义。但教学原则的选择不是孤立的,应根据教学内容、教学对象恰当地使用教学原则。使用数学教学原则应注意的四个问题:

(1) 明确数学教学原则对数学教学实践的指导作用;

(2) 在中学数学教学中既要贯彻一般的数学教学原则,又要注意数学自身的特点,贯彻特殊的数学教学原则,体现数学教学改革的要求;

(3) 所有教学原则都必须在全部教学活动中加以贯彻;

(4) 辩证地贯彻各个原则,防止绝对化,片面性。

最后强调指出,以上教学原则也是相对的,有待在数学教学实践中进一步检验、发展。随着数学教育改革的不断深入，新的数学教学理论会不断诞生，已经形成的理论会不断完善。另外，以上教学原则虽有不同的特点，但其精神实质是一致的，是辩证统一的。

思考题

1. 如何理解"数学教学原则"？基本的数学教学原则有哪些？
2. 什么是充分暴露数学思维过程的原则？并能举例说明它们的应用。
3. 什么是重视数学认知结构的原则？并能举例说明它们的应用。
4. 什么是归纳与演绎并用的原则？并能举例说明它们的应用。
5. 什么是揭示数学背景的原则？并能举例说明它们的应用。
6. 什么是加强数学应用的原则？并能举例说明它们的应用。
7. 什么是渗透数学历史文化的原则？并能举例说明它们的应用。
8. 什么是融辩证逻辑思维能力培养的原则？并能举例说明它们的应用。

第六章　数学教学的基本工作

　　教学是一门科学,也是一门艺术,是科学和艺术的统一体。富有成效的教学不仅决定于教师对教材的把握水平,更决定于教师对教材深入浅出的组织水平,决定于教师把静态的知识转化为动态的信息传递给学生的方式、方法。教师是集演员、导演、编剧于一身的角色,教师不仅要对教材有深刻的理解和体会,而且要设置引人入胜的教学过程,更需要以精湛的技艺打动学生,正如波利亚所说:"教学与唱戏有许多共同之处。"要取得理想的教学效果,就必须孜孜不倦地追求教学科学。教学作为事业,就要不懈地追求;教学作为艺术,就必须全身心投入。本章从数学教学的基本工作出发,探讨师范生应怎样努力才能胜任日常教学工作。

第一节　备课与说课

　　在进行数学教学备课之初,先调查分析、了解学情是非常重要的。首先必须对数学教材进行分析;其次必须了解学生,在此基础上,通过分析可以有的放矢地制定数学教学目标、选择数学教学方法、设计数学教学方案,从而提高数学教学的质量。

一、教材分析

　　什么是数学教材? 数学教材是在数学教学过程中协助学生达到教学目的的各种数学知识信息材料,是按照一定的教学目标,遵循相应的教学规律组织起来的数学理论知识系统。数学教材是根据课程标准编写的供教师和学生阅读的重要材料,是遵循相应的教学规律组织起来的数学理论知识系统,是教学内容的基本组成部分,是数学教学系统的重要因素之一。它具有以下几种功能:目标功能——数学教材通过数学知识内容具体体现数学教学目标;教学功能——数学教材是数学教师进行教学活动的主要依据,是学生学习数学知识的重要工具,它制约教学模式和方法的选择和运用;评价功能——数学教材是检查数学教学质量的重要标准。

数学教学首先是数学,数学教学质量的优劣是以教师充分把握数学教材为前提的。数学教材所包含的内容包括两个方面:其一是直接用文字形式写在教材里的"显性知识",表现为演绎形式的数学,所反映的主要是"数学的是什么?";其二是蕴涵在教材中的"隐性知识",表现为渗透在教材里的数学思想方法、数学历史文化和数学之美,所反映的主要是"数学的为什么?"。如果说显性的数学知识是写在教材上的一条明线,那么隐性的思想方法、历史文化等就是潜藏其中的一条暗线,在数学教材里,到处都体现着这两条线的有机结合。在数学教学中,在教显性知识的同时,能否教出隐性的内容,既体现教师对待教材的科学态度,又彰显了教师的素质和水平。

数学教材分析的基本要求:

(1) 深入钻研数学课程标准,深刻领会数学教材的编写意图和目的要求,掌握数学教材的深度与广度。

(2) 从整体和全局的高度把握数学教材。了解数学教材的结构、地位、作用和前后联系。

(3) 从更深和更高的层次理解数学教材。了解有关数学知识的背景及其发生和发展过程,挖掘渗透在数学教材中的思想方法,与其他有关知识的联系,以及在科技领域和生产、生活实际中的应用。

(4) 分析数学教材的重点、难点和关键,了解学生容易混淆、可能产生错误的地方和应该注意的问题。

(5) 了解例题和习题的编排功能和难易程度。

(6) 了解新知识和原有认知结构之间的关系,起点能力转化为终点能力所需要的先决技能和它们之间的关系。

下面我们来研究如何进行数学教材分析。

第一,进行数学教材的背景分析。什么是背景?背景是对人物或事件起作用的历史情境和现实环境,是任何学习和教学事件中始终渗透着的潜在因素。数学教学活动是在一定的背景中进行的,背景对于数学教学有着很重要的影响。同样,数学教材也有自己的背景,它对数学教学也有很大的作用。很多数学知识的产生和发展都有其深刻的背景,数学教师不了解这些知识的背景,就不知道为什么要教这些知识,不能真正理解这些知识,因而也就不可能教好这些知识。上课干巴巴的,从定义到定理,从公式到解题,枯燥无味,引不起学生学习数学的兴趣。只有当数学教师了解数学知识的背景,才能真正理解教材,吃透教材。上起课来才能胸有成竹、深入浅出、生动活泼、左右逢源、融会贯通,才能上出高水平、高质量的数学课。我国数学教育家严士健说:"应该从广泛得多的角度来向中学生介绍数学思想、发展规律、背景。简单地说，就是要讲'来龙去脉'。为了让学生真正理解这一点，就应该讲清这些内容的背景。"数学家莱布尼兹说过：数学最好是向学生展现背景。而要讲清数学知识的背景，数学教师本身必须首先了解它们的背景。因此，数学教材的背景分析对于提高数学教学质量是非常重要的。

数学教材的背景分析，主要是分析数学知识的发生、发展的过程，它与其他有关知识之间的联系，以及它在社会生产、生活和科学技术中的应用。通过背景分析，可以使数学教师对有关的数学知识有整体的、全面的和系统的了解，不仅知道这些数学知识从生产实践和科学研究中产生和发展的过程，而且知道它和数学其他部分知识以及其他学科知识之间有什么关系，知道它在实际中有些什么用处。这样，既有利于拓宽教师的知识面、加深对教材的理解、了解它在数学教学中的地位和作用，也有利于教师知道在教学中如何培养学生辩证唯物主义观点、应用数学的意识和解决实际问题的能力。

第二，对数学教材进行功能分析。功能是指系统与外部环境相互联系、相互作用中所表现出来的能力。数学教材的功能分析是指对数学教材在培养和提高学生数学素质的功能进行分析，了解这部分教材在整个教材中所处的地位和作用，了解它的学习价值，包括智力价值、思想教育价值和应用价值。

数学的智力价值是指数学思维品质的培养，思想方法的训练，数学能力的提高等。数学的思想教育价值是指个性品质的培养、人格精神的塑造、世界观和人生观的形成等。数学的应用价值是指数学知识在生活、生产实践和科学技术中的应用。这些价值往往隐含在教材之中，是潜在的因素，需要教师深入钻研、积极挖掘。

第三，对数学教材进行整体结构分析。数学教材的结构是数学内容经过教学法加工，形成数学知识的序列及其相互联系的结构。它包含数学知识结构和数学思想方法结构。数学知识结构分析，主要是对数学教材中的各知识点之间的关系形成的结构进行分析。

第四，对数学教材进行要素分析。系统是由要素构成的，系统整体功能的实现要以系统各要素的功能的实现为基础。数学教材是一个系统，它也是由要素构成的。一般来说，数学教材有以下几个要素：

（1）感性材料。指的是表示数量、图形和实际问题等具体材料，供引入概念和定理之用，它们是学习数学基础知识和基本技能的必要准备和条件。

（2）概念和命题。这是数学知识结构的核心部分，包括定义、定理、公理、公式、法则和性质等内容。由于数学概念是现实世界数量关系和空间形式的本质属性在人们头脑中的反映,数学概念学习是概括有关数量关系和图形的共同本质的过程,因此对数学概念学习要从数学概念名称、数学概念定义、数学概念例子和数学概念属性四个方面进行分析。

(3) 例题、习题。指帮助学生理解、掌握和运用数学概念、定理的数学问题,是教师用作示范的具有一定代表性的数学典型问题。教材的教学要求、编者的意图常常通过例题、习题具体反映出来。如概念和定理有哪些具体的应用,能够解决哪些类型的问题,难度控制到什么程度等,都可以通过例题加以具体的说明。还有解题的步骤、书写格式也可以通过例题进行示范。所有这些,教师必须在教学设计前分析清楚。

作为数学教师,应该通过犀利而深邃的数学眼光,透过教材中各种数学概念、公式、定理、法则和图表,看到书中跳跃着的真实而鲜活的数学内容。这些涉及本质的隐性内容,给人的感觉是"不在书里,就在书里"。此时教师身上自然散发着一种独特的数学光华与气息,携带着全部数学涵养融入教室、融入课堂、融入学生,学生由此而汲取数学丰富的营养。

二、了解学生

数学教学是在教师的主导作用下,以教材内容为线索,以学生为主体的认识与实践活动过程。学生对抽象的数学概念、原理、方法的认识和理解、系统掌握和运用,都是在原有认知结构上、心理发展水平上以及认识能力所能及的前提下进行的。学生的数学学习还受到其爱好、兴趣、学习方法、性格特征等因素的极大影响。数学教学必须适应学生身心发展特点和知识基础情况,为此教师必须通过调查研究充分了解学生。只有在了解学生的基础上,才有可能恰如其分地将大纲、教材、数学文献中所记载的知识信息进行综合加工处理,形成学生可能接受并乐于接受的教学信息;才有可能充分调动学生学习的积极性和主动精神,合理地组织好学生的认识活动,顺利完成数学知识的传授、数学能力的培养、数学素质的形成等教学任务。

了解学生的内容包括:了解学生的年龄特征、认知规律,掌握他们生理和心理上的共同特点;了解学生的个别差异、个性特征;了解学生的智能发展情况,特别是数学思维、数学能力、数学技能的发展水平;了解学生学习数学的动机、兴趣、态度、自我观念、刻苦精神等非智力因素发展情况;了解学生现有知识水平和对将要学习的新知识所需要具备的知识能力等方面还存在什么问题,做到心中有数,有的放矢;了解学生学习中存在的困难以及形成困难的原因;了解学生的学习是处于进步还是处于退步的趋势及原因。总之,调查内容包括影响数学教学的方方面面,"知己知彼,百战不殆"。

深入准确地了解学生,具有以下几方面的意义:

(1)了解学生有助于教师更好地把握教材。一般地说,教材的编写是考虑了学习者的认识规律及心理特征的。教材内容的深度、广度、具体素材的选取、处理方法、逻辑体系、例题习题的配备等,既要照顾学生通过感知、理解、巩固、应用达到掌握知识的特点,又要遵循从个别的、具体的到一般的、抽象的,从感性的、低级的到理性的、高级的这个认识过程。例如,中学函数这部分内容,就是照顾到学生思维水平发展的实际情况,分成三个阶段按三种水平层次进行编排。又如,平面几何中公理体系的处理,考虑到学生的知识基础、年龄特点等方面的情况,在内容安排上既体现了科学几何的公理化思想又对公理体系要满足相容性、独立性、完备性的要求放宽处理,在保证相容性的前提下,采用了增加公理(如三角形全等的判定公理、空间三线平行公理等)和允许一定程度的直觉的方法以降低学习的难度。教师只有在充分了解教学对象的基础上,才能把握住教材内容在编排、处理上的意图。

(2)了解学生有助于制定合理的教学方案,了解学生有助于教师把握教学环节,掌握教学节奏、制定合理的教学方案。教学内容在深度、广度上有很大的弹性,处理方式多种多样,教学方法千姿百态,教师只有在全面了解学生的基础上,才能把握教学环节,选择合适的教学方法,制定出合理的教学方案。例如,在课堂提问中,教师要根据学生实际情况估计在答问中可能出现的错误,这样提问才具有针对性,真正解决学生学习中存在的问题。

(3)了解学生有助于教师因材施教,学生的数学学习总是存在着个别差异,即使是同一内容,对于不同的班级教学情况可能很不相同,特别是学习有困难的学生,其困难情况可能各不相同。只有对学生的个别差异有了充分的了解,才能对不同情况的学生进行有针对性的帮助,使每一个学生都得到应有的进步。

(4)教师只有了解学生,才能结合学生思维发展水平的实际情况,采用恰当的方式,提供给学生恰当的感知材料,设置适当的问题情境,激发学生学习数学的兴趣,活跃学生思维,让学生积极主动地去获取知识,促进学生能力和个性的发展,提高教学质量。

总之,教师把了解学生的具体情况进行详细记载,经过反复了解,不断地积累,便掌握了大量的第一手材料。这就为教师总结经验、开展教学研究、丰富教育理论提供了大量素材。同时这种工作习惯的形成也提高了教师工作的自觉性。

三、编写教案

1. 确定课型

课型是依据每节课的主要教学目的和任务而划分的课堂类型。中学数学教学中常用的课型有：新授课、练习课、复习课、讲评课等。现将四种常用课型的结构和特征介绍如下：

(1) 新授课

以传授新知识、学习新方法为主的课是新授课。当某一节教材的内容较多，理论性、系统性较强，需要在一节课内集中讲完时，可选用这种课型。这种课的结构大致是：复习、讲授、巩固、布置作业。因为学生学习的新知识是与已学过的旧知识密切联系的，复习旧知识便于引出新课，并为新课的顺利进行铺平道路。学生接受新知识要有一个消化过程，巩固所学新知识也是必要的。但这种课是以讲授新知识为主，复习巩固工作一般所占用的时间较短，也可以省略。

(2) 练习课

通过解答习题使学生巩固旧知识、培养其技能技巧的课是练习课。这种课的基本特征是学生在教师的指导下独立进行练习。它的结构大致为：复习、练习、小结、布置作业。练习课所复习的内容，要紧紧围绕练习所需要的知识。复习的方法可以由教师提问让学生回答，亦可由教师作扼要的叙述，也可选用典型的题目由教师作出解题示范。在进入练习时，最好将题目逐题安排和布置，由全班同学独立去做。学生独立解题时，教师要巡回指导，特别注意练习中暴露出来的普遍问题。亦可指定学生到黑板前板演，师生共同订正。练习完毕教师要作出适当小结。小结的内容，既可分析学生练习中存在的问题，也可以总结解题规律，归纳解题方法。最后还要布置一些作业，作为课堂练习的延续和补充。

(3) 复习课

这种课的目的是巩固和加深所学的知识，使之系统化。分为阶段复习、学期复习和新学期开始的复习三种形式。阶段复习课的任务是对某一章或某一单元的教材作总结性的复习。它的过程大致是：提出复习提纲、重点讲述或综合题举例、总结、布置作业。复习提纲由教师在课前准备好。在低年级，一般是教师上课一开始就出示提纲，然后引导学生边看提纲边回忆；在高年级，为培养学生分析综合及抽象概括能力，课前可指定范围让学生独立作出总结,课堂上教师用一串精心设计好的提问,指定学生依次回答,在答问中把这一部分教材的主要知识及它们之间的逻辑联系提示出来,同时,要在黑板上系统地列出知识间的关系。复习课的重点讲述,不是泛泛地重讲前面的内容,而是在教师深入了解学生学习中存在的主要问题的基础上,分析哪些地方学生不懂或懂得不深不透,哪些方法学生不熟,哪些内容需要补充,等等。教师要有针对性地归纳出几个主要问题来重点讲述,以便堵"漏"补"缺",解决疑难。加深对基础知识的理解和基本技能的掌握。复习课的总结,应由教师更全面、更概括地提示各项知识间的内在联系,能使学生的认识产生思想上的升华,并提出在理解和运用知识时应注意的问题。也可以总结些学生如何记忆有关知识的方法。复习课的作业一般应比新授课的作业更带有综合性、技巧性。学期末的复习,一般安排几节课才能完成。通常的做法是:前面的课时着重复习教材内容,掌握基础知识;后面的课时着重知识的综合运用,培养学生分析问题和解决问题的能力。新学期开始的复习课,主要是帮助学生解决过去学习中存在的问题,为今后的学习做准备。这种课一般是在了解学生学习情况的基础上,有针对地利用指导解题的方式来带动对旧知识的复习。

(4) 讲评课

这种课的任务是对某一阶段的课外作业情况进行总结,或者对某次考试的结果进行分析。它的目的是纠正作业或试卷中存在的缺点和错误,总结经验教训。讲评课的结构一般为:首先,说明完成作业的数量和质量的概况或者考试的评卷结果;其次,将归纳整理的各类典型错误展示给学生,并指出正确答案;再次,分析产生错误的原因及改正的方法,同时介绍学生对某些题目的最优解法;最后,总结经验教训,亦可有针对性地布置一些补充作业。

上面介绍的常用课型的结构,是供新教师参考的。在备课时,对每节课该用哪种课型,要根据教材特点、教学目的、学生情况等,由教师选择。在教学实践中,不要求一定按上述程序讲课,允许教师根据具体情况,灵活地、综合地运用各种课型的程序,拟定出更适宜的教学环节来。

2. 确定教学目标

教学目标的确定应该是由大到小,某一节课的目标是为实现总的教学目标而定的,它的提出应考虑到这样几个方面:基础知识(概念、方法、定理、公式)的理解,基本技能的训练,数学素质(思维品质、思想方法、猜测想象等)的培养。因此,教学目标大致可分为知识目标、能力目标、情感目标。教学目标针对性要强，太空泛、太概括就体现不出某一节课的特点。应当恰如其分，不能偏高或偏低，偏高脱离实际不能实现，偏低则达不到课程标准所规定的要求。

3. 确定教学重点、难点和关键

所谓重点就是贯穿全局、带动全面的重要之点，它在教材中起着核心纽带作用，是基本的纲领性知识和能力，是进一步学习的基础。每节课的重点，要根据本节课内容在整个教材中的地位来确定。诸如关于概念的形成和定义，定理、公式、法则的推导与运用，各种技能技巧的培养与训练，解题的要领与方法，应用题的审题、分析与列式，图形的制作与描绘，理论如何应用于实践，等等。这些都可以确定为不同课的重点。一般来说，每章、每节以及每堂课的重点是不相同的，又是互相联系的。例如，相似形是平面几何的一个重点，而在相似形这一章中又以相似三角形为重点，在相似三角形中以相似三角形的三个判定定理为重点，在三个判定定理中以第一个判定定理为重点。只有抓准重点才能突出重点，从而使课堂教学层次清晰、主次分明。也只有这样，才能取得良好的教学效果。

难点是学生学习中困难的地方，号称学习中的"拦路虎"，它是由于学生的认识能力与知识要求之间存在较大矛盾造成的。一般来说，教材重点是统一的，而教材难点往往因所教学生的不同而有所区别，因班、因人而异。有的内容既是重点又是难点，也有的内容只是难点而不是重点。

解决难点的根本办法是"对症下药"，针对学生学习感到困难的原因，采取相应的措施加以突破。形成难点的原因大致有以下几种情形：一是知识抽象而学生实践经验少。如解字母系数的一次及二次方程要进行讨论，多数学生感到困难。解决的办法是丰富实践经验，逐步抽象。二是知识精深而学生基础知识粗浅。如点的轨迹的纯粹性和完备性的证明，学生不易理解。解决的办法是打好基础，由粗到精。三是知识内部结构复杂而学生综合分析能力差。如直线垂直判定定理的证明，综合性强，涉及面广。解决的办法是分散难点，各个击破。四是知识实质比较隐蔽而学生容易从表面看问题。关键是教学中的突破口，是那些能使教学得以顺利进行的关节点。例如，余弦定理的证明，有些教材是用两点间的距离公式推证的。在这里，理解证明的关键在于熟悉单位圆上的点的直角坐标表示法。又如，掌握同底数幂的乘法公式 $a^m \cdot a^n = a^{m+n}$ 与幂的乘方式 $(a^m)^n = a^{mn}$，必须抓住幂的意义这个关键。

4. 教学过程设计

数学教学过程包括很多很复杂的内容，这里重点讨论教学情境、课堂提问、例题、习题、课堂讨论、课终小结等教学设计问题。

(1) 教学情境设计

教学情境是一种特殊的教学环境,是教师为了发展学生的心理机能,通过调动"情商"来增强教学效果而有目的创设的教学环境。也是教师根据教学目标和教学内容,创造出师生情感、求知欲望、探索精神的高度统一的情绪氛围。教学情境的创设同时也是再现数学背景的需要,促进学生数学"再创造"的需要。建构主义学习理论认为:学习是学生主动的建构活动,学习应与一定的情境相联系,在实际情境下进行学习,可以使学生利用原有知识和经验同化当前要学习的新知识。这样获取的知识,不但便于保持,而且容易迁移到新的问题情境中去。创设教学情境,不仅可以使学生容易掌握数学知识和技能,而且可以"以境生情",可以使学生更好地体验教学内容中的情感,使原来枯燥的、抽象的数学知识变得生动形象、饶有趣味。

教学情境的类型很多,在数学教学中应用较多的有以下几种:

① 问题情境。教师提出具有一定概括性的问题,与学生已有的认知结构之间产生内部矛盾冲突,学生单凭现有数学知识和技能暂时无法解决,于是激起学生的求知欲望,形成一种教学情境。在教师的指导下,学生通过探索和研究解决问题。

② 故事情境。教师通过讲数学发现的故事、有关数学家的故事等创设教学情境,激发学生学习数学的求知欲望,使学生在听故事的过程中学习数学知识。

例如,在讲授等差数列求前 n 项和的公式时,常常讲高斯小时候计算 $1+2+3+\cdots+100$ 的故事,讲授等比数列求前 n 项和的公式时可用印度国王奖励象棋发明人的故事等。故事既能引起学生学习的兴趣,又体现了推导等差(比)数列求和的公式的思路。

③ 活动情境。教师通过组织学生进行与数学知识有关的活动,构建教学情境,让学生在活动中提高学习数学的兴趣,掌握数学的知识。

例如,在存贷款利息计算时,可以开展模拟银行存贷款的活动。将班级分成几个小组,有的小组扮演银行角色,公布各档存贷款的利率。另一些小组扮演储户或借贷户角色。储户向银行存款,借贷户向银行借款,并且提出问题:向银行存或借一定数量的现金,并且知道存或借多少时间,要银行计算每笔存款或借款的利息。在活动一段时间以后,扮演银行和扮演储户或借贷户的两种角色相互交换。通过活动让学生掌握利息的计算。

④ 实验情境。有些数学教学内容比较抽象,学生不容易理解,教师设计与教学内容有关的实验,让学生通过观察和动手操作,在实验的情境中提高分析

和解决数学问题的能力。

例如,数学归纳法比较抽象,特别是学生对它为什么要有第二步不理解。可以设置下列实验情境:几十个骨牌一个紧挨着一个放在桌上,排列成弯弯曲曲的蛇形队列,用一只手指推倒第 1 个骨牌,紧接着第 2 个骨牌、第 3 个骨牌……依次都倒下。可以清楚地看到,要使每一个骨牌都倒下,除了第 1 个骨牌必须倒下以外,还必须有:如果前面一个骨牌倒下,那么后面一个骨牌就紧接着倒下。也就是必须要有当 $n=k$ 是成立时,$n=k+1$ 也成立。

又如,在教有关浓度的问题时,可以设置实验情境。先在量杯中倒进溶剂,然后加进溶质,得到溶液。通过实验得到结论:溶质质量=浓度× 溶液质量。

⑤ 竞争情境。教师设计一些数学问题,将学生分成小组,创设小组之间进行比赛的情境,让学生之间开展竞争,比准确、比速度、比技巧。

例如,在学习有理数运算时,可以设计有关的问题组织学生进行运算比赛,使枯燥的运算变成生动活泼的竞争,大大地提高了学生学习的主动性和积极性。

(2) 课堂提问设计

课堂提问是教师根据教学内容的目的和要求,以提出问题的形式,通过师生相互作用,检查学习、促进思维、巩固知识、运用知识实现教学目标的一种教学行为和方式。它是数学课堂教学的重要环节,是数学教师与学生交流的一种重要方式。

课堂提问可以根据不同的要求进行分类,可按提问的目的或方式来划分,也可按问题的认知水平来划分。这里我们根据问题的认知水平将提问分为六类:

① 回忆型提问。通过回忆以前学过的定义、定理、公式和法则,回答教师要求记忆的内容,让学生对已经学过的知识再现和确认。这种问题常常是当堂课新授内容的基础和预备知识,与新知识有密切的联系,为学习新知识提供条件。这类提问虽然认知层次比较低,但是对于学好新知识是非常必要的。不过提问的数量要有所控制,特别是有些只需回答是或否的问题,更要严格加以限制。否则课堂上看来很热闹,但学生的思维深度不够。

② 理解型提问。这种提问要求学生对已知信息进行内化处理后,能用自己的话对数学知识进行表述、解释和组合,对所学的概念、定理等进行比较,揭示其本质区别。

③ 运用型提问。设置一个新的简单的问题情境,让学生运用新获得的知识结合过去学过的知识解决新的问题,这种提问称为运用型提问。这样的提问往

往在学习新的概念、定理、公式和法则后进行。

④ 分析型提问。这种提问要求学生把事物的整体分解为部分,把复杂事物分解为简单事物,分清条件与结论,找出条件和结论之间的因果关系。

⑤ 综合型提问。把事物的各个部分、各个方面、各种要素、各个阶段联结成整体,找出其相互联系和规律的提问。例如,在余弦定理推导结束后,可以提出还有没有其他方法可以推导余弦定理? 还可以提出余弦定理有什么用处? 正弦定理与余弦定理有什么区别和联系等问题,提高学生综合运用数学知识思考问题、解决问题的能力。

⑥ 评价型提问。要求学生通过分析、讨论、评论、优选解法,对事物进行比较、判断和评价的提问。例如,让学生判断和评价其他学生不同观点和不同解法的对错和优劣,并讲出理由。

提问的分类方法很多,如按提问的目的可以分为:引趣性提问、准备性提问、迁移性提问、探索性提问、引疑性提问、过渡性提问、巩固性提问、反馈性提问。按提问的方式可以分为:总括式提问、引导式提问、比较式提问、点拨式提问、归纳式提问等等。这里不再一一列举。

(3) 例题设计

数学例题是帮助学生理解、掌握和运用数学概念、定理、公式和法则的数学问题,是教师用作示范的具有一定代表性的典型数学问题。它是把数学知识、技能、思想和方法联系起来的纽带,是对知识、技能、思想和方法进行分析、综合和运用的重要手段。例题教学是数学教学的重要组成部分,是抽象的概念、定理、公式和具体实践之间的桥梁,是使学生的数学知识转化为数学能力的重要环节。它具有以下几项功能:

① 引入新知识。数学中的概念、定理、公式一般都比较抽象,学生不容易理解,也不知道为什么要学习它们。通过例题引入,比较生动、具体,容易引起学生学习的兴趣,激发学生的学习动机。在例题的基础上,通过抽象、概括、归纳、演绎得出概念、定理和公式。

② 解题示范。通过例题示范,让学生在模仿的基础上,掌握解决问题的思路、方法,学会分析、语言表达和书写格式。在例题学习过程中,通过潜移默化的影响,学生逐步学会数学思维,领会数学的思想方法。

③ 加深理解。在初学概念、定理和公式时,学生对它们还只是初步的理解。通过例题的学习,在运用概念、定理和公式解题的过程中,逐步加深对数学基础知识的理解和基本技能的掌握。

④ 提高能力。通过例题的分析和解题策略的教学,进一步提高学生数学思

维能力和解决问题的能力。具体表现为:善于运用某种方法和手段改变问题情境的能力,善于构思新的解题方法的能力,善于将数学方法进行迁移的能力。

例题设计必须坚持的原则:

① 目的性。设计例题首先必须明确目的,为教学目标服务。有的是为了引入概念,有的是为了推导某一个公式,有的是为了说明定理和法则的运用,也有的是为了强调解题格式和书写规范,还有的是为了体现某种数学思想方法。教师要根据不同的目的选择不同的例题。

② 典型性。要选择典型的、有代表性的问题作为例题,通过教学能举一反三、一题多解、一例多用、由例及类、由此及彼、触类旁通。通过示范让学生掌握解题的一般方法和规律。

③ 启发性。选择例题还要注意富于启发性,要选择那些有利于启发学生思维,有利于创造条件让学生自己去发现的问题作为例题,引导学生对问题进行探索,进行多角度、多方向的分析与思考。

④ 科学性。这是设计例题最基本的原则,所设计的例题必须是正确无误的,条件必须是充分的、不矛盾的,题目的叙述必须是明确清楚的,题目的要求必须是切实可行的。

⑤ 变通性。设计例题还要注意能够一题多变,通过变化条件、变化结论、纵向引申、横向拓展,开拓思维途径和思维空间。

⑥ 有序性。例题的编排在内容和要求上要注意循序渐进,要由浅入深、由易到难、由简单到复杂。如果例题之间跨度太大,就要选择适当的问题填补空隙。

可以通过选择和编制来设计例题。

① 选择例题。通过对教材的分析,知道了教材中例题的数量和要求,然后对照教学目标和学生实际情况,考虑需要补充哪些内容和要求的例题。再根据上述例题设计的原则,在数学教学参考读物和习题中,集中选择适当的数学问题作为补充例题。

② 编制例题。有时根据例题设计的要求,暂时找不到现成的、合适的数学问题,这时就需要自编或改编。

(4) 练习设计

数学练习是一种有目的、有组织、有指导的数学学习实践活动,是学生将所学的数学知识转化为数学技能、技巧,形成数学能力的重要途径和手段。通过练习可以使学生从不会到会,从不熟练到熟练。数学练习有以下几项功能:

① 使学生进一步加深理解和掌握数学知识和技能。

② 提高学生的数学思维能力和分析问题解决问题的能力。

③ 促进知识的迁移,提高学生的数学应用能力。

④ 有助于及时反馈信息,让教师了解学生学习的情况,检查教学效果,及时纠正学生的错误。

根据练习在数学课堂教学中的作用,可以分为以下几种类型:

① 准备性练习。为了引入新课,学习数学新知识,需要通过练习复习原有的数学知识。这种练习是新旧数学知识之间的桥梁,既为新知识作铺垫,又能激发学生求知欲望。

② 理解性练习。在数学概念教学中,为了使学生正确理解概念,往往设计一些练习让学生进行辨析。

③ 巩固性练习。在学习数学概念、定理和公式后设计一些与它们直接相关,且与例题相仿的题目让学生练习,通过练习巩固所学的数学知识和技能。

④ 运用性练习。这是一种在学生初步理解数学知识的基础上,让他们在新的情境中运用新知识的练习。通过这种练习,使学生能运用所学的知识解决有关的问题。

⑤ 综合性练习。为了提高学生综合运用数学知识分析问题和解决问题的能力,常常设计一些代数、几何、三角的综合题让学生进行练习。

⑥ 创造性练习。指为了培养学生的创新精神而设计的练习,这些练习要求学生不模仿教师的讲解和教材的例题,提出新的构思和看法。这类练习很多是开放性的问题,没有唯一的答案。

练习设计必须坚持的原则:

① 目的性。练习设计必须要有明确的目的,要根据数学课程标准和教材的要求,选择和编制练习,通过练习要使学生理解和掌握数学概念、定理、公式和法则,达到规定的教学目标。

② 层次性。练习还必须有层次、有坡度。编排时由易及难、由浅入深、循序渐进、逐步提高。数学课堂练习一般设以下几个层次:

模仿。与例题类型和难度基本相同的题目。通过练习,提高数学知识和技能掌握的熟练程度。

变式。本质特征与例题相同,非本质特征与例题不同的题目。这类练习有利于把握概念的关键特征,加深对数学知识的理解。

灵活。通过综合和灵活运用数学知识才能解决的问题。这类练习主要用来提高学生综合能力和分析问题解决问题的能力。

创造。这是一类带有思考性和创造性的问题,是需要通过创造性的思维才能解决的问题。通过这类练习有利于培养学生的创新精神和创造能力。

各种不同层次的练习,供不同的需要和各种不同程度的学生使用。

③ 整体性。设计的练习要体现整体性,题目内容要全面体现教学目标,既要注意知识的掌握,技能的训练,还要注意能力的培养和数学思想方法的熏陶。编排上体现由浅入深、由简单到复杂、由单一到综合。

(5) 课堂讨论设计

课堂讨论是教师和学生、学生和学生之间的一种互动方式,通过相互交流观点,形成对某一个问题的较为一致的理解、评价或判断。在讨论的过程中,各人发表自己的看法,对问题的结论进行修改、补充和纠正,使它更加准确、合理和完善。与此同时,教师和学生可以获得同一知识不同侧面理解的信息,可以使学生更深刻地理解数学知识。但是在实际教学中,有些教师组织学生讨论往往流于形式,为讨论而讨论。有些不需要讨论的问题,也在组织讨论;有些问题需要讨论,但只给二三分钟,来不及开展讨论。这是由于教师没有真正认识到课堂开展讨论的重要性,也不知道如何组织讨论。

课堂讨论有以下几种功能:

① 培养批判性思维的能力。讨论要求学生能充分发表自己的观点,并且学会用事实、概念、原理通过逻辑推理,论证自己观点的正确性。与此同时,还要发现和提出其他学生有关论点、论据和论证过程中的错误,通过交流取得共同的认识。在讨论的过程中,学生的批判性思维能力得到充分的培养。

② 激发学生学习的主动性和积极性。在讨论的过程中,学生要发表自己的意见,提出自己的观点,说出与别人不同的看法,与其他学生争论,就需要对问题进行认真深入的思考,并且用清晰的语言表达出来。这样学生的主体作用能得到充分的发挥,学生的主动性和积极性也能得到充分的调动。

③ 培养数学交流能力。通过讨论实现数学交流,使学生能把自己对数学知识的理解、对数学问题解法的思考,通过数学语言表达出来,并且能接受教师和其他学生的看法,相互沟通,从而提高数学交流的能力。

④ 相互启发共同提高。由于同一班级或小组的学生年龄基本相同,学习基础和认知水平也差不多,相互之间容易沟通。通过讨论可以相互启发,取长补短,促进学生的认知能力向更高阶段发展。

(6) 讨论问题的设计

数学课的讨论有师生之间的讨论、学生之间的讨论,有全班的讨论,也有小组讨论或同桌两人的讨论。不论哪一种讨论,在讨论前教师都要确定并准确地表述有待讨论的问题。一般来说,可以这样来设计讨论的问题:

① 选择一些容易混淆的数学概念，看起来似是而非的问题，让学生通过讨论澄清对这些问题的错误理解，达到深刻的认识。

② 选择一些答案不唯一、解法不唯一的数学问题，让学生发表不同的意见，提出各种不同的解法，相互比较，开拓思路。

③ 选择一些可能产生争议的问题，让学生争辩，激发学生搜集新的信息，重新调整自己的思维方式，提出各种不同的观点，并且反驳对方的论点和论据，通过争论增进学生对问题的理解。

④ 选择一些具有思维深度的问题，需要通过抽象、概括、分析和综合才能解决的问题，让学生通过讨论，发挥集体智慧，使问题得到解决。

(7) 小结设计

小结是在完成一个教学内容或活动时，对内容进行归纳总结，使学生对所学知识形成系统，从而巩固和掌握教学内容的教学行为方式。小结可以由教师来进行，可以由学生来做，也可以师生共同来完成。小结是课堂教学的重要组成部分，它可以起到对教学内容画龙点睛、提炼升华、延伸拓展的作用。但是在实际教学中，对小结往往不够重视，到下课铃响了，匆匆忙忙应付几句就结束了，造成一节课"虎头蛇尾"。有好的开端，但不能善始善终。这是在数学教学设计中应该引起重视的问题。一般来说，小结具有以下几项功能：

① 系统整理，形成结构。通过小结将所学的数学概念、定理、公式和法则等进行系统的整理、归纳，沟通各种知识之间的相互联系，使之条理化、结构化和系统化，便于巩固和记忆。

② 突出重点，强化注意。通过小结使学生进一步明确教学的重点、难点和关键，掌握运用数学概念、定理、公式和法则时要注意的条件和范围。

③ 深化知识，提高素养。在小结数学知识和解题方法的基础上，使学生对数学思想方法认识升华，进一步提高数学素养。

④ 启发思考，引导探索。在小结时可以提出一些有深度的问题，让学生进一步思考，课后进行探索，提高学生探究问题的能力。

小结设计必须坚持的原则：

① 概括性。小结要对本节课所教的内容进行梳理、归纳、概括和系统化，突出最重要的知识、最本质的内容，把整个一节课的内容概括成简单的几条。

② 简约性。小结内容要简明扼要，突出重点，抓住要点，画龙点睛，语言明确精炼。

③ 启发性。小结不仅要把当堂课所学的知识进行归纳总结，而且还要联系沟通以前的知识，从数学思想方法的高度进行提炼和升华，启发学生进一步探

索和研究,使这节课"言已尽而意无穷",让学生在课后进一步回味,展开丰富的想象和思考。

小结的方式很多,下面介绍常用的几种:

① 归纳式。这是最常用的小结方式,对一节课的主要内容进行系统的归纳,总结解题方法、主要步骤和注意事项。

② 比较式。对数学概念、性质、定理和公式等进行比较,比较它们的相同点和不同点,加深和扩展学生对数学知识的理解。

③ 规律式。对定理公式的规律、解题的方法和步骤进行小结。

④ 问题式。通过设计一系列问题让学生回答进行小结,并在此基础上,提出问题让学生课后思考。

⑤ 提升式。不仅总结数学知识,而且从认识事物的本质、研究问题的方法和角度,对教学内容进行提升。从数学思想方法的高度对本节课的内容进行小结。

总之,小结的内容和方式可以多种多样,但是有两点应该引起注意:一是小结的内容既要全面,又要突出重点;二是既要进行内容小结,又要从数学思想方法的高度进行小结。

从上面所讲的各种教学活动的设计我们可以看到,课堂教学活动设计是一项艰苦而复杂的工作,也是一种艺术性很强的活动,艺术的生命在于创造,需要教师在教学实践活动中不断探索、不断创新。

5. 整理教案

整理教案是备课的成果体现,它是以上几项工作的总结和加工。教案是课堂教学的计划方案,它应该力求反映出课堂教学全过程的概貌。由于每节课的任务不同,课型不一,教学过程千差万别,因此,教案没有一个统一的模式。但是,不管哪一种教案必须包括两项基本内容:一是这一节课的目的要求;二是各教学环节进行的计划和内容。由于教师的教学经验有多有少,驾驭课堂的能力有强有弱,所以,教案也有详写与简写之分。至于简略的教案,则相当于详细教案的提纲,但是必须包含师生进行教学活动的基本步骤、方式方法以及讲授的简要内容。

一般来讲,新教师必须写出详细教案,这样做,可促使教师尽快熟悉教材和数学教学的各个环节,有利于积累教学经验。对于教学经验丰富的老教师,教案书写可简略些,因为他们在课堂教学中能灵活而富有创造性地掌握好各个教学环节,较好地完成教学任务。用于观摩教学或示范教学的教案宜详写,以便于学习和讨论。

教案一般有以下几项内容：

① 课题；

② 教学目标；

③ 教材分析(重点、难点、关键)；

④ 课型与教法；

⑤ 教具或多媒体；

⑥ 教学过程。

有教师总结出备课口诀：备好教材，心中有书；备好学生，心中有人；备好教法，心中有术；备好开头，引人入胜；备好结尾，引发深思；备好重点，有的放矢；备好难点，重点突破；备好作业，讲求实效；备好学案，渗透学法；备好理念，融会贯通；备多用寡，有备无患；备之研究，深层探索。

整理好教案不等于备课工作结束，若在讲课时需要教具或多媒体，课前应准备好并进行演示练习。如果对即将要上的课没有十分把握，最好课前进行试讲。试讲时应注意以下几点：首先，要搞好板书布局，对课题、图形、公式、定理、例题、练习题等什么时间书写，板书在什么位置，彩色粉笔如何运用，都要统筹安排。其次，以纸代黑板个人试讲，边讲边写，边问边画，就像正式上课一样，并试验各个环节安排是否恰当。这样反复实践练习，就可使教学内容更精炼，教学方法的运用更娴熟。在试讲中如发现原教案的不足之处，可修改补充，以求更加完善。

总之，教师在备课中需要解决的问题很多。在教学实践中，也会提出许多其他问题。重要的是，教师要及时发现问题解决问题。要善于吸收他人的长处，丰富自己的教学经验，以形成自己的教学风格。

第二节　说　课

所谓说课，就是教师在备课的基础上，面对同行或教研人员讲述自己的教学设计，然后由听者评说，达到相互交流、共同提高的目的。说课是备课的一种表现，是一种很好的教学研究和师资培训活动。说课内容主要围绕三大问题进行：一是教什么(内容)；二是怎样教(教材的呈现顺序、教法、教到什么程度)；三是为什么这样教(教育理论、标准的依据)。

说课的意义在于：一是说课可提高备课的质量，把教学设计落到实处，从而提高课堂教学质量。说课是备课形式的一个创造，它不但把备课提高到教学设计的高度,而且把教师的教学设计置于大庭广众之下,能够有效地接受公众的检查和评价。二是说课为教师提供了表现自己聪明才智的机会和场所,增强了教师备课的动力。有了动力就有了积极性,提高备课质量就有了保证。三是说课能够把培养骨干教师、提高教师素质的要求落到实处。为了说课,教师要积极学习有关教育理论和有关部门的教改经验。学以致用,把学习理论和备课结合起来,能够解决教学中出现的新情况新问题,从而有效地促进教学水平的提高。四是说课能够把教改实验的成果落到实处。教改实验的成果应用到教学中去并且发挥实效,是一项极为复杂而艰巨的工作,只停留在一般号召上是不够的,必须采取强有力的措施。实践证明,说课活动的开展能够及时有效地把实验与研究的成果应用到教学实践中去,发挥很好的效益。

一、说课的类型

说课可分为单元说课和课时说课。

1. 单元说课

要说的内容一般可分为:

(1) 教学单元的划分及单元课题。

(2) 教材分析。主要应说出教学要求、编者意图、单元内容、单元在整册教材中的位置、重难点的确定、预备知识、体系结构等。

(3) 前提分析。前提分析包括学生的认知前提、情感前提、技能前提分析。一个单元能否教好和学好,很大程度上取决于学生的基础、技能、兴趣、动机等。对此,教师必须了解学生,也就是平常所讲的备学生。这是对单元学习的动态分析。静态分析是基础,动态分析是调控。只注重了静态分析而忽略了动态分析,往往不能有的放矢,达不到最佳教学效果。

(4) 单元教学设计。其中包括:单元学习目标的确立、课型课时的分配、前置补偿、教材处理的基本思路与做法、特殊情况的处理及特殊手段的应用、单元知识网络图的编制、单元训练和形成性测试题的编选、重难点突破化解的主要措施。

2. 课时说课

要说的内容一般包括五个方面:

(1) 说课标、说教材

第一,说明课标的要求,说明教材的特点、结构及功能,要深刻理解教材的编写意图,找出知识间的内在联系、明确新旧知识的结合点及结合方式,并注意挖掘出其潜在的智力因素。第二,说明教学目标。教学目标是整个教学活动的导向和终结。要求教学目标的确定必须具体明了,忌空泛笼统、落不到实处;忌琐碎繁杂、重点不突出;忌脱离实际、收不到效果。第三,说明教材重点、难点、疑点及其确定的依据,抓住重点,解决难点,突出疑点,以便在课堂教学中驾驭教材。

（2）说教法

"教学有法,但无定法",教学方法的选择主要依据教学内容、学情和教师来确定。第一,说出本节课选择何种教法,采用怎样的教学手段。在选择教法和教学手段时,要考虑是否取得最佳效果,取得最高效率,力求效果和效率达到完善的统一。第二,说出利用这样的方法和手段的理论依据是什么。

（3）说学法

"以教师为主导,以学生为主体"的教学原则早已为广大教育工作者共同认可。在教学过程中落实学生的主体地位,必须教给学生学习的方法。凡有识之士无不深谙"授人以鱼不如授人以渔"的道理。说学法具体有三个方面内容:第一,说出学法指导的具体内容。即通过教学指导学生学会什么样的学习方法,培养哪种能力,如何指导学生掌握学习方法。这将直接关系到这节课的学习效果。第二,帮助学生构建学习动力系统,主要包括确定学习目标、激发学习兴趣、提高学生自信心、培养克服困难的顽强意志、建立良好的学习习惯等。第三,说出学法指导的依据,即学情分析。也就是学生情况、学习现状等。这三部分内容,可以单列进行说明,也可渗透到教材分析、重点、难点的突破措施及巩固训练各环节中去,显得更自然、流畅。

（4）说教学过程

第一,说学前诊断。在学习新课前,通过对学生知识基础、兴趣、动机、意志、态度、习惯等的诊断,获取认知前提、情感前提的反馈信息,查明学生已经知道些什么,已经掌握了哪些,并根据存在问题有针对性地查漏补缺,为学生掌握新知识铺平道路。第二,说认定目标。在教学实践中,教学目标起着指向、导航作用? 适时展现教学目标,让学生明确掌握各层次教学目标,做到预习、听课、复习时心中有数,使教师为达成目标而教,使学生为掌握目标而学。教学目标的认定一要选择恰当时机,二要贯穿整个教学过程,做到课前粗知,课中细知,课后深知。第三,说落实目标。把教学目标分成若干个部分,围绕目标进行学习,即为落实目标。特别值得说明的是:落实目标要从实际出发选择不同的课型,选用不同的方法,学习不同的内容;另外要反馈矫正贯穿始终,最大限度地因材施教。第四,说强化目标。根据教学内容,设计复习内容,组织复习,归类比较,进行分类指导,对本节课的知识和技能进行变式训练,及时强化,实现"达标"。梳理归类、纳入知识系统,注意知识间的联系,达到知识系统的统一。第五,说矫正补救。在教学结束前,对学生进行测试,师生从中获得反馈信息,共同分析教学中存在的缺陷和问题,并采取相应的补救措施,使教学目标圆满完成。

(5) 说程序

要注意如下三个方面:

第一,说出整堂课的时序安排和时间分配及各个教学环节的交替更迭。一要做到有头有尾,注意教学过程的完整性;二要做到有张有弛,注意教学过程的节奏性;三要做到有动有静,注意课堂教学的艺术性。

第二,说出每个教学环节的顺序安排,比如在"新授"这一教学中心环节中讲、读、练的顺序,每项活动的进入和退出以及所占时间比,都必须精心安排,做到层次分明,环环相扣,顺序流畅。

第三,说出板书计划和依据。

二、说课应注意的问题

(1) 要重视理论依据的陈述;

(2) 要重视学生的主体地位;

(3) 要科学地把握教材;

(4) 要掌握先进的教学方法和手段;

(5) 要立足于课,寓技于课。

总之,说课作为一种新型的教研活动形式,对于大面积提高教学质量,增强师训效果,其作用毋庸置疑。可以看出,要真正说好"课",确实不是一件易事。教师必须要学好用好教育教学理论,要练好各种教学技能,还须对教学内容认真地规划、设计。

第三节 微 课

微课(Micro Learning Resource),是指运用信息技术按照认知规律,呈现碎片化学习内容、过程及扩展素材的结构化数字资源。它的载体是视频、软件,性质是学与教的资源,适用人群是自主学习人群。

"微课"的核心组成内容是课堂教学视频(课例片段),同时还包含与该教学主题相关的教学设计、素材课件、教学反思、练习测试及学生反馈、教师点评等辅助性教学资源,它们以一定的组织关系和呈现方式共同"营造"了一个半结构化、主题式的资源单元应用"小环境"。因此,"微课"既有别于传统单一资源类型的教学课例、教学课件、教学设计、教学反思等教学资源,又是在其基础上继承和发展起来的一种新型教学资源。

"微课"的主要特点:教学时间较短;教学内容较少;资源容量较小;资源组成/结构构成情景化——资源使用方便;主题突出、内容具体;草根研究、趣味创作;成果简化、多样传播;反馈及时、针对性强。

微课十大特征:微课只讲授一两个知识点,没有复杂的课程体系,也没有众多的教学目标与教学对象,看似没有系统性和全面性,许多人称之为"碎片化"。但是微课是针对特定的目标人群、传递特定的知识内容的,一个微课自身仍然需要系统性,一组微课所表达的知识仍然需要全面性。

微课的分类:按照课堂教学方法来分类——我国中小学教学活动中常用的教学方法的分类总结,同时也为便于一线教师对微课分类的理解和实践开发的可操作性分为 11 类,分别为讲授类、问答类、启发类、讨论类、演示类、练习类、实验类、表演类、自主学习类、合作学习类、探究学习类。

按课堂教学主要环节(进程)来分类——微课类型可分为课前复习类、新课导入类、知识理解类、练习巩固类、小结拓展类。其他与教育教学相关的微课类型有说课类、班会课类、实践课类、活动类等。

现行中小学教研活动中,有时也把微课理解为一堂正常意义上"一节课"的压缩。

第四节　数学教学艺术的追求

教学之所以称为一门艺术,是因为课堂教学给予每一个教师充分自由创作的余地,可以像美术家、音乐家以及文学家和诗人那样,进行艺术创造。教学是一门艺术,而缺乏创造性的艺术,必然显得单调与枯燥。它的创造不仅以独特的个性来发挥和施展自己的才能,还必须与学生配合。学生既是这一创作活动的对象,又是这一创作活动积极的参与者和主要的受益者。这种艺术创作的成果,不是被人称颂的巨幅画卷,不是流传百世的乐章,也不是脍炙人口的诗文名著,而是年轻一代的灵魂,未来世界的主人。教学艺术是教师钻研教材、研究学生、进行创造性劳动的智慧之果。这种传递人类文化与文明、发展人的体魄与智慧、塑造人的心灵的艺术,是通过教师的心血和双手在孩子们的身上精心描绘来进行的,是社会的综合性艺术,是艺术中的艺术。

歌唱家唱出的歌声很美,服装色彩很美,舞台形象很美,一出台就会征服观众,人们可以享受着听觉、视觉等感官上富有神韵的综合美。一曲终了,观众如梦初醒,尽情鼓掌,这就是演员综合艺术美的魅力。一个在舞台上,一个在讲台上,一个是面对成千上万的观众,一个是面对全班学生。演员和教师都肩负着教育人、鼓舞人、塑造人的重任。优秀教师的课为什么人们爱听、爱看、受到启发,能给听众留下强烈的印象,原因就在于课堂教学艺术。这种艺术又集中表现在教学内容美、教学结构美、教学方法美、教学情感美、板书艺术美、课堂气氛美、教学语言关、教学节奏美等方面。

1. 教学内容美

科学知识本身就是一种艺术,包含真与美。通过教材内容所提示的哲理,所归纳出的规律性的知识,以及这些知识的应用价值,能使学生产生一种满足感。教师讲课要像磁石一样,凭借知识本身对学生的吸引力牢牢地吸引住学生,使学生的思维活动和情绪同教师的讲课交融在一起。教师要善于从教材里感受美,提炼美。比如数学,如果从美学角度看,数学是一个五彩缤纷的美的世界。英国哲学家罗素说过:"数学,如果正确地看它不但拥有真理,而且有至高的美。"如数的美、式的美、形的美、比例的美、和谐的美……连美术上比例美、节奏美都是数学上的黄金分割的应用。就圆周长公式 $C = 2\pi r$ 来说,它体现了圆周长和半径之间存在的一种简洁、绝妙、和谐的关系。它是数学家的心灵智慧撞击所迸发出来的一种庄严、永恒和宏伟的美。知识本身潜在的美,是不会自发地起作用的。教师的任务在于挖掘美、渲染美。也就是说,要帮助学生去揭示知识中包含的美、再造美、使原有的美更添色彩。

2. 教学结构美

教学过程的美首先是指教师和学生在具体教学活动中所表现出的丰富创造性。师生在教学活动中多种心理能力的协同作战,实现理性因素和非理性因素的交融,从而形成一种活跃、生动的教学气氛。教师要善于在教学主体部分的一定发展阶段精心安排"小高潮",会使学生兴奋、愉悦、沉思、体味,在读、说、写或读、说、算的训练中,智力得到有力开发,智慧的花蕾悄然绽放。教学过程的美还指教学在动态中形成具有美的特征的组合形式,即和谐的教学过程结构。这种结构是由教和学双边活动的协调统一所形成的。教学中的完整性、有序性、节奏性等,都是和谐的教学过程结构的必备因素,也是其美的核心。课堂上常会出现这样的现象:同样的课标、课程;同样的学校、环境;同样的教室、学生;同样的教材、仪器设备,但不同的教师甚至同等文化水平的教师去讲授、去使用,所取得的教学效果却不一样。其原因就在于讲究不讲究教学艺术。如果教师不但讲求教学的科学性,而且讲求教学的艺术性,他们灵活地运用教学的艺术技巧,在课堂上创设情境,启发诱导,适时点拨,就会做到既传授知识,又发展学生智力和培养学生能力的目的。许多优秀教师、知名学者,之所以能培养出优秀的学生,造就出有创见的人才,是与他们孜孜不倦地研究追求教学方法的美分不开的。

3. 教学方法美

方法美的特征是创新。用新颖的形式、巧妙的方法、奇特的事例去展示教学过程的矛盾,引起学生的认知冲突,刺激学生产生疑问和探索的欲望,同样也能产生内在美。教学方法美突出表现在教学的新异美和教学的幽默美。苏霍姆林斯基说过:任何一种教育现象,孩子们在越少感到教育者的意图时,它的教育效果就越大。我们把这条规律看成是教育技巧的核心。新奇能引起学生兴趣,吸引学生积极参与教学过程。事实上,如果在教学中用的事例或方法学生早已熟知,是不能激发学生学习热情的。相反,即使是内容比较陈旧,如果角度新、方法新、手段新,以新异的形式去重新组织,学生也会有兴趣去学。教学幽默美,是教学方法灵活的体现,是高品位的教学艺术。课堂需要严肃,也需要幽默。因为幽默能营造欢快气氛,消除紧张的心理,是诱导认识发生和情感共鸣的良好"催化剂"。教师在情境创设、示例设计、导入设计和提问设计中,应用幽默艺术就可以激发学生的兴趣。教学结构美的重要标志是目标鲜明、重点突出、层次分明、结构完整。使教学内容、方法、手段和形式等各要素有机地联系起来,使学生的主体地位真正得到体现,在学生主动地实现对"真"的领悟和对"美"的追求,教学效率达到最优时,方能使师生共同体验到这种美的存在。

4. 教学情感美

情感是教学艺术魅力形成的关键。没有真挚、强烈的感情,就不可能把课上得成功。教师的感情,犹如诗人的诗兴,犹如一切艺术家的强烈的创作欲望。当教师对教材、学生了如指掌时,当教师审视学生美好形象点燃激情的火焰时,感情激发了,灵感产生了,课堂气氛活跃了,教学效果就提升了。教师没有真挚、强烈的感情,没有鲜明的爱憎,没有骨鲠在喉、不吐不快的冲动,是不可能征服学生的。

纵观课堂教学,不难发现,有的教师上课,课堂是晴空万里,艳阳高照,学生就像春天的鲜花,争妍斗艳,精神抖擞。而有的教师上课,昏昏沉沉,学生就像是暴风雨中的麦苗,趴在课桌上,无精打采。为什么同一个班的学生,不同的教师上课,而学生的学习情绪却迥异?这就是教学艺术,是教师调节情绪的艺术,是一种"阴转晴"的艺术。教师丰富、纯洁而高尚的情感,可以左右学生的思想。因此,教师在教学中要始终把握自己的情感。按照情感转移原理,教师要入情-动情-析情-移情。根据这一感情发展过程组织教学就能激发学生的情感。有的教师讲课声情并茂,注重熏陶感染,教师踏进教室就像演员走进摄影棚一样,立刻进入角色,用自己的如火热情,对知识的酷爱,对教学的责任感,去激起学生相应的情感体验,让学生如沐春风,从而更好地接受教育,接受所传授的知识。心理学家认为,兴趣与爱好就是一种同愉快情绪相联系的认识倾向性与活动倾向性,当学生情绪高昂时,就有良好的情趣去学习所学的内容,效果也特别好。可以说情感是学生乐学、爱学、勤学、巧学的内在动力。师生之间的情感,给人的一生会留下不可磨灭的记忆。

5. 板书艺术美

板书是教师在备课中构思的艺术结晶,是学生感知信息的视觉渠道,是发展学生智力和形成良好的思想品质的桥梁和工具。好的板书不仅在内容上概括剖析恰到好处,自成一体,浑然天成,而且在形式上因内容不同,重点不同,各具特色,结构精巧,妙趣横生。它以确切的科学性,指导学生学习课文,又以独特的艺术魅力,给学生以美的熏陶,美的享受,美的启迪,堪称教学艺术的再创造。好的板书是课堂教学的"集成块",它集教材编者的"编路"、课文作者的"文路"、教师的"教路"和学生的"学路"于一体,是教师的微型教案。好的板书,它要求教师必须根据教材特点,讲究艺术构思,做到形式多样,让学生有自由支配的时间,这样就能达到"此时无声胜有声"的功效。内容系列化、结构整体化、表达情境化,同时,它还要求教师根据教学实际,遵循板书的基本原则,具有明确的目的性、鲜明的针对性、高度的概括性、周密的计划性、适当的灵活性、布局的美观性、内容的科学性、视觉的直观性,这样,才能给学生以清晰、顺畅、整洁、明快的感觉。要做到这一点,还必须做到:内容美——从用字遣词上看,准确无误,内容精炼;从整体上看,线索分明,重点突出。形式美——布局合理,排列有序,条理清楚,具有立体美、对称美、奇异美、和谐美和造型美。字迹工整,一丝不苟,合乎规范,美观大方,使学生受到美的陶冶。

6. 课堂气氛美

好的课堂气氛,令学生如沐春风,如饮甘泉,人人轻松愉快,个个心驰神往。在课堂上,往往看到这样两种不同的场面:有的教师精神饱满,生动传情,学生情绪高涨,注意力集中,教与学双方都沉浸在一种轻松愉快的气氛之中,都积极开启智能的机器,共同探索着知识之谜。有的教师则不甚得法,讲得口干舌燥,声音嘶哑,而学生则木然置之,毫无反应,整个课堂犹如一潭死水。好的课堂艺术气氛应是:

有疑问——在课堂上,教师要创设问题情境,用疑问开启学生思维的心扉。

有猜想——通过猜想,在头脑中形成一种求知的心理定式。

有惊讶——在课堂上,教师要善于释疑学生的迷惘,轻轻点拨后茅塞顿开,心中惊叹不已,惊讶中有说不出的喜悦之情。

有笑声——教师的课堂讲述要生动有趣,幽默诙谐,使得学生不时发出会心的笑声。

有争议——教师要鼓励学生大胆质疑,让学生围绕中心各抒己见,把问题弄明白。

有沉思——在关键问题上,教师要留出"空白",让学生探索。

有联想——教师不要把课讲绝了,要留有余地,让学生联想,要透过有限去展现无限。

课堂气氛美能够创造师生和谐共处、情感交融的良好教学氛围,且能机智地处理课堂偶发事件或违纪行为,维持课堂纪律,提高教学质量。具有良好的教学艺术的教师,总是想方设法创造一个良好的教学氛围。这个氛围包括优良的班风、良好的学习气氛、良好的民主气氛、健全的组织纪律、良好的情感交流,以及优美的教学环境、教师优美的语言、板书、风度等。有了良好的教学氛围,师生之间就会上呼下应,下传上达,情真意切,配合默契,就会在师生愉快的交往中完成教学任务。

7. 教学语言美

语言是完成教学任务的主要工具。教师的语言美在很大程度上决定着学生学习的效率,教师的语言生动、形象、幽默、风趣、逼真、亲切、自然且充满情和意,学生听了便如临其境、如见其人、如闻其声,使教材化难为易,学生得到美的享受。教师要善于运用自己的声调,以便准确、生动地表达自己的思想和感情,学生在潜移默化中受到陶冶、激励和鼓励。教师要善于将教学语言的科学性和教育性,用艺术化的优美形式和方法诉诸学生的感官,使之入耳、入脑、入心灵。课堂教学效果的好坏,虽然受多种因素的影响,但教师的语言艺术往往起到特别重要的作用。特别是教学语言要精当,思路要清晰,讲解抽象的知识必须用生动的事例、直观形象的语言,让学生在语言产生的视觉效应下唤起表象或产生联想和想象。点拨时语言要富有启发性和思考性,给学生一种似隐似现、若明若暗之感,使其有所思、有所想、有所悟,读题、谈话、讲解时语言要运用得体,快慢适度、能突出知识逻辑重音,字字清晰,声声入耳,讲话要有艺术效果,有幽默感,或开宗明义,或含蓄婉转,或说理比喻,讲解和论述思路正确清晰,论证简洁严密。

8. 教学节奏美

教学节奏美能减轻学生身体的劳累,并唤起他们追求新知识的喜悦感。

教学节奏美可以处理好教学中速度和强度问题,即既考虑教学中的高效率,扩大教学信息量,又考虑学生的接受能力,留有思考余地,让学生吸收消化,甚至进行必要的重复、提醒,以适时强化,做到快慢适中。教学既要考虑一定的强度,显示教学的激情,以引起学生注意,又要考虑教学的节奏和学生的心理承受能力,做到抑扬顿挫、高低适宜。这样就可以避免教学频率过快,学生不能吸收消化;教学声音过低,频率过慢,引不起学生注意;教学声音过高,刺激太强,造成学生疲劳等信息传递中的误差和失误,难以保证课堂教学质量的提高。教学节奏美还表现为对教材内容的处理与安排富有弹性,即有起有伏。教师要根据学生课堂的反映来调整节奏,使学生的情绪具有弹性。如教师在讲述一些要领、阐述一些基本原理时,总是毫不含糊,一字一顿地讲。听这样的内容,学生的思维活动往往是很紧张的,为了把教学组织得十分严密,让学生一字一句不漏地听进去,并记在笔记本上,他们需要高度集中注意力,如果一连两节课让学生处于这样的紧张状态中,大脑会由于承受不了过重的负担,而转为抑制,兴趣就会降低。因此,在内容的安排上要适度,把一些有趣、新颖、生动的内容穿插进去,使学生的情绪有张有弛。教学进行了一段时间以后,要让学生有自由支配的时间,让学生有静心回味的时间。教学艺术美能引起学生的审美感受,净化学生的心灵,进而培养学生正确的审美观点和审美情趣,提高其感受美、体现美和创造美的能力。具有精湛的教学艺术的教师,会意识到自己不仅作为教师在讲课,而且同时是作为艺术家在表演,作为审美对象塑造着美的形象,释放着美的风光。因此,他们总是以自己独有的内在美和外在美的艺术风格的教学,激起学生良好的审美体验,给学生以崇高的美感。这种美感会产生强烈的感染力,震撼学生的心灵,激起他们对所学知识产生肯定的、积极的情绪体验,引发学生热爱知识、追求知识的情感,密切师生关系;会促使学生对美的事物产生爱的追求,纯化自己的心灵,强化自己的兴趣,消除不专心、开小差等杂念,甚至激发学生模仿美的语言和动作。学生在如此美的海洋中遨游,当然会得到美的享受,产生美的追求,端正自己的思想,净化自己的心灵。这正体现了教学艺术的美育功能。

　　艺术源于生活而又高于生活,是对生活的再创造;教学艺术源于教学而又高于教学,是对教学的再创造。成功的教学是艺术化的教学,而只有艺术化的教学才是成功的教学。课堂教学处处充满着美,教师应引导每个学生从教材、教学、学习中发现美,寻找美,感受美。愿我们的课堂教学都充满教学艺术美,让我们的学生都能享受到教学艺术美,愿教学艺术之花在新世纪越开越艳丽。

思考题

　　1. 请说说你对"数学教学首先是数学"的看法?

　　2. 数学教材分析有哪些基本要求? 并能举例说明。

　　3. 深入准确地了解学生,具有什么意义?

　　4. 数学课堂教学有哪些基本课型?

　　5. 什么是教学重点、难点和关键? 教学中如何确定和处理它们?

　　6. 结合案例说明教学情境、课堂提问、例题习题、课堂讨论、课堂小结等教学设计要注意些什么?

　　7. 简述数学教案的基本格式,并分别自选一数学概念、命题、习题编写教学详案。

　　8. 什么是数学说课? 什么是数学微课?

第七章　中学数学中的逻辑问题

　　了解一点逻辑知识,有利于中学数学教师在教学中严谨、科学而不犯逻辑错误,有利于教师挖掘概念、命题的内涵和它们科学的表述方法,以下将从四个方面探讨中学数学中的逻辑问题。

第一节　逻辑规律

　　一个命题在数学中是否成立,不像其他自然科学那样常常依靠实验,而是依靠证明。证明过程要求逻辑上严格是数学的特点之一。这样建立起来的数学理论,才能经得起历史和实践的考验,具有高度的精确性和广泛的适用性。

　　我们已经知道,人类第一个严密的数学体系是《几何原本》,但在这之前,亚里斯多得已经创立了逻辑学,欧几里得正是依据这些逻辑的原则和方法来进行理论证明并构成系统的。这就是至今我们把数学证明看成广义逻辑的理由。

　　数学中的逻辑所涉及的逻辑知识一般是指亚里士多德创立的传统逻辑,通常称为形式逻辑或普通逻辑,它是研究人类正确思维的初步规律和形式的科学。思维,通俗地说就是“想一想”,它是人们在对客观事物的感性认识的基础上,对事物的某种本质的反映,是一种理性认识。其基本特征是:① 间接性,即由已有的认识通过推理进行;② 概括性,即反映一类事物的具有本质意义的抽象属性。所谓正确的思维,就是一种明确肯定的,首尾一贯的,无矛盾而又有根据的思维,这就是合乎规律的思维。

　　为了严谨清晰地、循序渐进地进行思考,就必须正确地使用思维的形式,严格地遵守思维规律。否则,就会引起思维混乱,导致矛盾和谬误。形式逻辑提供了正确思维的规律和形式,具有非常普遍的指导意义,可以运用于一切具体的科学,而对于特别精确的数学来说,它是尤为重要的。

　　正确思维的基本规律,早在公元前四世纪就由亚里士多德总结出来了,这就是同一律、矛盾律和排中律。到了十七世纪末,莱布尼兹又增添了一条充足理由律,但现在不少逻辑学家认为,“充足理由律”不能作为思维的初步规律,应将它抛弃。

一、同一律

在相同的条件下,关于同一个对象的思想是确定不变的。这就是说,在一个理论系统中,在同一条件下,必须保持概念内容不变,原来在什么意义上使用某个概念,决不能随意变更一个概念的含义,也不能把不同的概念加以混淆,违反同一律就犯"偷换概念"或"混淆概念"的错误。

例如,许多书上都讲了"求证三角形的三高共点",但什么是三角形的三条高? 查一查任何一本几何书,都是说:"从三角形一顶点向它的对边引垂线或对边延长线引垂线,顶点到垂足的线段叫做三角形的高。"这就是说,高是线段而不是直线,而这样的三条线段,并不总能相交于一点的。那么这些书是怎样证得三条高相交于一点的呢,原因就在于将"线段"和"垂线"混淆起来。

根据同一律的要求,在一个理论系统中,在相同的条件下,还要保持判断自身的确定性,不能用不同的判断代替它。违反这一要求就要犯"偷换论题"或"变换论点"的错误。

同一律在思维中的作用,就在于保证思维的确定性,在一个思维过程中,违反了同一律,思想就会发生混乱,在一个理论系统中,违反了同一律,就会缺乏严密性和科学性。

二、矛盾律

在相同的条件下,关于同一个对象的两种互不相容的思想至少一种为假。

什么是"不相容的思想"? 下面先举例说明,例如:"它是平行四边形"和"它不是平行四边形","这个自然数是偶数"和"这个自然数是奇数",都是不相容关系,注意上述两例除所述的两种情况,并无其他的可能情况,这种不相容的关系称为矛盾关系。又如:"这是三角形"和"这是四边形",这种不相容关系除了所述的两种情况外,还有其他可能的情况,如还可能有"五边形,六边形"等,这种不相容关系又叫对立关系。

根据矛盾律的要求,我们必须保持思想上的前后协调,首尾一贯,避免出尔反尔,自相矛盾。违反了矛盾律,就要产生"逻辑矛盾"的错误。

例如,17世纪后半叶,牛顿和莱布尼兹刚刚创立微积分时,微积分的理论基础还很不完善。牛顿在一些典型的推导过程中,他用无穷小量作分母进行除法运算,然后又把无穷小量看作零,去掉那些项,从而得到所要公式。这种推导进程的本身就表现了无穷小量的概念在逻辑上是自相矛盾的——无穷小量既是零,又是非零。英国主教贝克莱正是抓住了这一逻辑矛盾来攻击和否定微积分,说它的推导是"分明的诡辩",导数"只不过是消灭了的量的鬼魂",从而导致了对微积的信任危机。直到 19 世纪上半叶极限理论建立,这个问题才得到解决。

三、排中律

在相同的条件下,关于同一个对象的两种矛盾关系的思想必有一种为真。

根据矛盾律,上述两种矛盾关系的思想必有一假,由此直接推出,在相同的条件下,关于同一对象的两种矛盾关系的思想只能一真一假,非此即彼,没有第三种可能性,这就是"排中"之意,许多书上的排中律就表述为后一种推论。

运用排中律的通常而又可靠的场合是针对"某对象具有某性质"和"某对象不具有某性质"。这种情况是绝无第三种可能性存在的。

例如:"$\angle A$ 大于 $\angle B$"和"$\angle A$ 不大于 $\angle B$";"AB 和 CD 垂直"与"AB 与 CD 不垂直"。

根据排中律的要求,在相同的条件下同一对象的两个互相矛盾的判断,必须确认其中一个是真的,不应该含糊其词,骑墙居中,违反这一逻辑要求就会犯"模棱两可"的错误。在逻辑推理中,排中律还有一种极为重要的作用,即把证明"某对象具有某性质"转化为证明"某对象不具有某性质"是假的,这就是人所共知的反证法。

例如,一位老师为检查学生掌握乘法公式的情况,提问:"$(a+b)^2 = a^2 + b^2$ 成立吗?"

一个学生答道:"当 a 或 b 等于 0 时成立。"这种貌似正确的回答违反了排中律,它没有明确肯定地指出是"成立"还是"不成立",模棱两可地答在某种情况下成立,在某种情况下不成立。

又如,有的教材对函数的定义作这样的描述:当变量 x 在变化范围内任意取定一个数值时,变量 y 按照一定的法则总有唯一确定的值与它对应,就叫 y 是 x 的函数。但又说:如对某些 x,与之对应的 y 至少有两个值,就叫 y 为 x 的多值函数。

这样定义的函数是函数吗?若说"是",它显然不符合函数的定义,若说"不是"它又明明按函数的一个子集在表述。"是"与"不是"均不能肯定,这就违背了排中律的要求。

四、充足理由律

在证明过程中,一个结论被确定为真,必然要有充足的理由。具体说来,充足理由律的逻辑要求最根本的两条：一是理由自身必须真实；二是从理由足以推出结论。凡是符合这种要求的证明就叫有论证性，凡是违反这种要求，就要犯"虚假理由"或"逼迫理由"的错误。如，某自学丛书，证明三直线平行定理时采取了这样的方法：

如图7-1，先作任意一条辅助直线 PQ 与 AB、CD、EF 都相交，然后由已知条件 $AB//EF$，$CD//EF$ 得角 $\angle 1=$ $\angle 3$，$\angle 2=\angle 3$ 于是角 $\angle 1=\angle 2$，便得到 $AB//CD$。

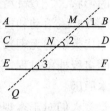

图 7-1

这种证法虽然适合于初学几何还不熟悉反证法的学生，但严格说来第一句话：作直线 PQ 与 AB、CD、EF 都相交就缺乏理由。这条直线怎样作？可以在 AB、CD 上分别取一点 M、N，这两点就决定了直线 PQ，这样一来我们就不能直接断言 PQ 与 EF 必相交，否则就是"逼迫理由"。但要证明这一点既要根据平行公理，又要采用反证法。因此，书上的这种证法是违反了充足理由律的不严格论证，是否必须这样证是值得商榷的。

有的教师提出："为什么圆柱的侧面展开图是矩形？这是因为圆柱的母线都相等且相互平行的缘故。"这种理由并不充分，因为仅母线平行且相等，并不能证明展开后有出现如图 7-2 的情况。

从前面所述的若干实例可以看出，违反逻辑规律，出现逻辑错误，是比较容易发生的问题，在这方面应该引起我们的更大的警觉。

形式逻辑除了逻辑思维的基本规律以外，还要研究思维的必须具备的一定的逻辑结构，也就是必须通过一定的形式。这些形式就是概念、判断和推理。其中概念是思维的基本形式，只有运用概念才能进行判断和推理。下面讨论关于这些思维的基本形式及其相互间的关系。

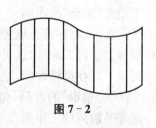

图 7-2

第二节 概　念

一、概念的概述

概念是反映事物的本质属性的思性形式，它与感觉、知觉、表象有着本质的区别。前者反映事物的具体形象，不能区别事物的本质和非本质属性；后者是抽象的反映事物的本质，抛弃了事物的非本质属性。这样经过抽象和概括形成的概念。虽然离开了个别事物的具体形象,但它却更深刻地反映了客观现实,因此概念是主观和客观的统一。

数学概念,有些是直接从客观事物的空间形式和数量关系反映出来的。如几何中的点、线、面、平行、垂直、多边形、圆、多面体、球等概念都是直接从物体的形状、大小及位置关系抽象概括出来的,但更多的数学概念是由一些数学概念在实践活动和科学分析的基础上,经过多级的抽象概括而产生和发展成的。如代数中的无理数、复数的概念,几何中的无穷远点、多维空间,都经过了复杂的多级抽象过程,它们和现实直观拉大了距离,这就是抽象代数难以理解的根本原因。

人们对于客观世界的认识,总是经历着从特殊到一般的和一般到特殊的两种过程,对于每一个概念都可以从这两个方面进行研究。

第一,考察这个概念和其他概念相比较具有什么特殊性,掌握了这个特殊性,就可以从各种概念中明确地将这个概念区分出来。为了达到这个目的,人们从所研究概念的许多性质中选择一组,它能满足上述需求,而其他的所有性质都能从这一组推导出来。这样的一组属性,就叫做概念的本质属性,在逻辑学中,它被称为概念的内涵。显然,这样的属性组一般是不唯一的。

例如,属性组"四边形"、"两组对边分别平行"、"一个内角是直角",就构成了概念"矩形"的内涵。

第二,考察这个概念对于适合它的各种对象而言,具有什么普遍性。我们掌握了这种普遍性,就可以全面深入地弄清这个概念所反映的一定范围和所含对象了。在逻辑学中,把概念所指的对象的集合,叫做概念的外延。

"三角形"的外延,包括了直角三角形、钝角三角形、等腰三角形、三边之长成等差数列的三角形。

一个概念的外延含唯一的对象,如"北京"、"武汉长江大桥";也可以没有现实中的对象,如"神仙"。后者叫虚概念。

同一个概念的内涵和外延有着明显的制约关系。以"矩形"这一概念为例。如果我们将其内涵减少,去掉"一内角是直角",则概念变为"平行四边形",外延相反扩大了。反之,若将内容增多,加上"邻边相等",则概念变为"正方形"外延反而缩小,外延和内涵的这种变化关系,在逻辑学里叫做反变关系。

由上可知,所谓概念明确了,就是弄清了概念的外延和内涵,也就是明确了概念所指的是哪些事物,又明确了这些事物有哪些特有属性。弄清这两方面的具体方法就是概念的分类和概念的定义。

二、概念的分类

任意两个概念从外延的角度看,可以区分为如下的各种关系:

(1) 相容关系——两个概念的外延之交非空。可分下列三种情况。

① 同一关系——两概念外延相等。例如"无理数"和"无限不循环小数","直径"和"最大的弦""等腰三角形顶角平分线"和"等腰三角形底边上的高",等等。

② 从属关系——概念的外延是另一概念外延的真子集,此时大概念叫上位概念或种概念,小概念叫下位概念或类概念,从属关系是最重要的一种关系。如"平行四边形"是"四边形"的一个类;"平行四边形"又是"正方形"的一个种概念;"平行四边形"还是"菱形"的邻近的种概念。

③ 交叉关系——两概念的外延有且仅有一部分相重合。例如:"正数"和"整数","矩形"和"菱形","等腰三角形"和"直角三角形"等。

(2) 不相容关系——两概念的外延之交为空集。这又分两种情况:

① 矛盾关系——两个概念的外延互为补集。最常见的情况是一个概念和它的否定概念,总是矛盾关系。例如"直角三角形"和"非直角三角形"等。如果不是上述情况,那么必须指明这两概念是在哪一个它们公共的种概念的外延中考察的。

例如,"有理数"和"无理数",在"实数"中讨论时它们是矛盾关系,而在"复数"中考察则它们之间不是矛盾关系。在运用"排中律"时,必须先弄清这个范围。

② 对立关系——两概念的外延非互补集合。例如:"锐角三角形"和"钝角三角形",对于公共的种概念"三角形"来说,它们的外延非互补关系,因为还存在中间概念"直角三角形"。针对这种情况所作的判断,只能运用"矛盾律"而不能运用"排中律"。由此可见,要揭示一个概念的外延,就是要弄清从属于这个概念的各个类概念的情况,但要"弄清"就得讲究方法。

逻辑学中采取的最有效的方法是对概念进行分类,这就是选择一个确定的标准,以此为依据把概念的外延分为若干个互不相交的子集。

例如,我们可以根据边的数目把"多边形"分为"三角形"、"四边形"、"五边形"……无穷多个类;根据最大一个内角与直角的大小关系把"三角形"分为"锐角三角形"、"直角三角形"、"钝角三角形"三类;也可根据是否存在两边相等把"三角形"分为"等腰三角形"和"非等腰三角形"两类。

如果我们还想对某一概念的外延做更细致的研究,可以将所分得的每一个类当作种概念,分别选择标准进行分类。

有一种简易可靠的分类方法,叫做"二分法"即把具有某性质的对象分作一类,而把不具有这种性质的对象分作另一类。为了保证分类正确,我们应注意如下两点:

① 掌握分类标准:分类标准要明确、唯一,前后一致;

② 检验分类结果:分类结果要详尽无遗,互不重复,若不注意上述要求,分类时就会产生错误。

某教材,有如下的分类叙述:

"现将角的分类列表如下:锐角、直角、钝角、平角、周角。"这种"分类",标准不明确,结果中也有大量的遗漏。

上述教材修改后,又有如下的分类叙述:

"按边的长短关系,三角形可分为三类:三边都不相等的叫不等边三角形;如果两边相等的就叫等腰三角形;如果三边都相等的就叫等边三角形"。这种"分类",等腰三角形和等边三角形是种和类的关系,而不是并列的两个类,因而产生了大量的重复。严格说来,上列叙述中运用"等边"这个词语就违反了逻辑基本规律。因为"等边"和"不等边"是矛盾关系,按排中律,非此即彼,没有第三种可能,而这里却偏偏冒出了第三种可能,划出了即非"等边"又非"不等边"的等腰三角形。究其根源,还是用"等边"这个词时未遵守同一规律:在"等边三角形"中的"等边"意指"任意两边相等",在"不等边三角形"中的"等边"意指"存在两边相等",两者意义是不同一的。

对此作出了正确的分类:三角形分为不等边三角形和等腰三角形;等腰三角形分为腰和底不等的等腰三角形和等边三角形。

三、概念的定义

定义是揭示概念内涵的逻辑方法,给一个概念下定义:就是用精炼的语句、简明的方式将这个概念所反映的对象的本质属性揭示出来。

为了避免下定义时罗列的属性过多,也为了更好地反映概念之间的内在联系,在科学理论中通常采用利用种概念来定义类概念的方法。

例如,我们已有了"平行四边形"的定义,也就掌握了平行四边形的内涵,如果进一步定义"矩形",也就是要揭示矩形的内涵,就可利用种概念"平行四边形",它的内涵就包含了"矩形"的大部分内涵,所差的就是一条"有一角为直角"或"邻边垂直",我们把所差的这一部分内涵叫做"类差",那么矩形的定义的结构就是:

$$\underset{(类差)}{有一个内角为直角}的\underset{(邻近的种)}{平行四边形}叫做\underset{(被定义的概念)}{矩形}。$$

这种"种加类差点"的定义可用下列公式表示：

$$被定义概念 = 邻近的种 + 类差$$

当然也可不用邻近的种而用稍远的种，那样类差就要相应增加。

在"种加类差"的定义方式中，有几种值得注意的特殊情况：

（1）关系定义。例如，零是这样一个数，它和任意的数 a 相加得 a。

（2）递归定义。例如，自然数的加法是指这样的对应，由于它对每一对自然数 a、b，有且只有一个自然数 $a + b$ 与它对应，而且具有下列性质：

① 对于任意自然数 a，有 $a + 1 = a'$

② 对于任意的自然数 a、b，有 $a + b' = (a + b)'$

（3）发生定义。例如，直角三角形绕它的一条直角边旋转一周而得到的旋转体叫做圆锥。

除了"种加类差"的定义方式外，还有一种"揭示外延"的定义方式。

例如，正整数、负整数、正分数、负分数、零统称为有理数。椭圆、抛物线、双曲线统称为圆锥曲线。

在外延定义中，所列举的各类概念必须是已经明确的，否则被定义概念的意义仍不清楚。由此可见，外延式定义是间接揭示被定义概念的内涵，它是所列各个类内涵的公共部分。

为了保证下定义正确无误，应注意如下的三个要求：

（1）在定义中不得引用未交代过的概念。否则，用意义不明的词来解释被定义的概念，只会越解释越模糊。

例如，欧几里得定义"点是没有部分的"，"面是只有长度和宽度的"，由于"部分"、"长度"、"宽度"意义都不清楚，因此这种定义是没有科学价值的。

又如，有人对直线作如下定义："沿着固定方向运动的点的轨迹叫直线"，其中"固定方向"未被定义，意义不清，于是这个定义也说明不了直线的真实涵义。

如果追问"什么是规定方向"，可能就会回答是"沿一条直线方向"，这样，就出现了逻辑上不允许的"恶性循环"。

（2）定义概念和被定义概念必须同一。否则，打算定义虎，结果说的是猫，言不及义，名不副实，这样的定义叫做不是相应相称的。

例如，某参考书上写着"角"的定义："运动直线绕着一点旋转，它的初始位置和终止位置所构成的图形叫做角。"

定义中没指明"一定点"的位置，因此它可以是平面上的任意一点，而这就出毛病了,如图7-3所示,动射线AB绕着"一定点O"旋转到AB位置,这样构成的图也该叫"角"了,显然这是不符合下定义者的本意的。

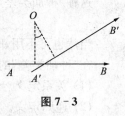

图7-3

(3)定义中列举的属性应该独立。可以由定义中其他属性推证出那些属性,完全不必要写进定义。否则,叙述不仅啰唆多余,而且可能不得要领。

例如,某教材给出了平行线的定义,"在同一平面内两条直线向双方无限延长时总不相交,这两条直线叫做平行线。"在这里"向双方无限延长"纯属多余,"不相交"就意味着在任何地方都不相交。加了这些词语,不仅没使概念更清楚,相反地倒把直线说成了线段,整个定义实际上是两条线段平行的定义了。

总起来说,我们在给概念下定义时要保证"用词有据",做到"相应相称",并力求"文辞最简"。

四、概念的系统

要系统地掌握一门学科的概念,就要弄清这学科"原始概念"和定义的"链式结构"。

给概念下定义时,不能引用意义不明的新词,而所引用的旧词也只能用意义已明的旧词来阐明,由于已有的语词的数目是有限的,因此反追回去,必存在不能用旧语词准确阐明的概念,这就是"原始概念"。它相当于推理系统中的公理,是定义系统中的不可定义者。

初等几何中选择的原始概念是"点"、"直线"、"平面","介于"、"结合"和"合同",现在一般还借用"集合"这一原始概念,对于这些原始概念,就根本不考虑它们定义问题。

有些人总想用定义式的语句来解释原始概念,这样做是毫无意义的,相反倒会引起模糊观念。例如不少书上说"集合"是"具有某种性质的对象的总和(或全体)"。但"总和"与"全体"是什么呢? 也无非是"集合"的另一种说法。

在初等几何中概念的定义,绝大多数是采取的"种加类差"的方式。按这种方式定义的概念,与其邻近的种概念紧密相关,是特殊与一般的关系,而它自身又可以作为定义其中一个类的种概念,概念的定义通常就是这样一环扣一环地联系着,形成一条一条的链式结构又组成复杂的树形系统。

要弄清概念的系统性,就要找出对应的这样环环相扣的链子,只要把每个定义中"最近的种"弄清楚了,这项工作是容易完成的。

例如,包含"平行四边形"在内的链式是这样的:集合⊃图形⊃折线(由不在同一直线上的几条线段首尾顺次组成的图形)⊃多边行(封闭的折线)⊃四边形⊃简单四边形⊃凸四边形⊃平行四边形⊃菱形(矩形)⊃正方形……

由此可见,在研究几何概念的时候,如果找出了联系相关概念的一条条的链式结构,明确了它们之间的从属关系,这样就能掌握概念的系统,同时也能加深对其中每一个概念的理解。

第三节 判 断

一、数学命题

在已经建立概念的基础上,人们就可以进行思维活动,考察一个概念和其他概念之间的关系。概念之间的联系反映到人的头脑中,通常就形成判断。所谓判断,就是对某一对象肯定或否定它具有某种性质的思维形式。判断要用语句来表达,一般是一句完整的、带判断性质的陈述句。数学中的判断通常叫做命题。例如:

① 直线上两点之间的部分叫做线段;

② 经过两点可以作一条直线且只能作一条直线;

③ 如果两角是对顶角,那么这两个角相等;

④ $\sqrt{2}$ 不是有理数;

⑤ $\sin^2 x + \cos^2 x = 1$;

⑥ 三角形两边的平方和大于第三边的平方。

判断可以是肯定性的,如②、③、⑤;也可以是否定式的,如④;还可以是规定性的,如①。判断语句可以用词语表达,如①、②、③等;也可以用符号形式表达,如⑤。判断本身可以是真实的,如①—⑤,也可以是错误的,如⑥。

数学中的真实命题,可分为定义、公理、定理。从本质上讲,凡经逻辑论证确定为真实的命题都叫定理,但出于理论系统中要区分主次,教学活动中要适当编排,因此一般选择应用广泛的真命题作为定理。

二、命题的结构

命题的结构包括"条件"和"结论"两个部分。我们把一般命题写成"若 A 则 B"的标准形式,则 A 称为命题的条件,B 称为命题的结论。如上列命题③中,条件是"两个角是对顶角",结论是"这两角相等"。在平常为了简洁,命题可写成缩简形式。如上列命题③,就常叙述为"对顶角相等"。在这种表述下,条件与结论部分的区分往往不够明显。

三、命题的变化

一般的命题可写成标准形式"若 A 则 B",这个判断的意义是由 A 成立足以推知 B 成立,反映了 A 与 B 之间的一种重要的因果关系。但是,对于事件组 A 和 B,我们并不满足于考察 A 对于 B 的因果关系,还要从其他的方面进行考察,这主要有如下的三个方面:

(1) 将"若 A 则 B"倒过来,研究 B 对于 A 的因果关系,这就是要考察新命题"若 B 则 A"。这个命题是将原命题的条件和结论互换位置(简称换位变换)而得,故称为逆命题。

(2) 将"若 A 则 B"分别否定,即研究 $\bar{A}$(非 A,即 A 的否定)和 $\bar{B}$ 的因果关系,这就是要考察新命题"若$\bar{A}$则$\bar{B}$"。这个命题是将原命题的条件和结论同时否定(简称变质变换)而得,故称为否命题。

(3) 将"若 A 则 B"相继作一次换位和一次变质,或者相继作一次变质和一次换位,都得到新命题"若$\bar{B}$则$\bar{A}$",它叫做原命题的逆否命题。

因此,对于任何一个命题可作"换位"和"变质"两种变化,而命题本身也就由一个变成了四个,从而使我们对于一个命题的条件对结论的作用和反作用,以及条件的反面与结论的反面之间的关系,能够进行一番全面深入的研究。

例如,原命题:若两个角是对顶角,则这两个角相等。(真)

逆命题:若两个角相等,则这两个角是对顶角。(假)

否命题:若两个角不是对顶角,则这两个角不相等。(假)

逆否命题:若两个角不相等,则这两个角不是对顶角。(真)

从上述实例可以看出两点:

① 原命题为真时,逆命题不一定真。因此,我们判断命题的真伪必须通过证明,同时原命题与逆命题绝不能混用。违反了这一要求就犯"虚假理由"的逻辑错误。

② 逆、否、逆否关系均为相对而言的。即原命题和逆命题是互逆关系;原命题和否命题是互否关系;原命题和逆否命题是互为逆否关系,还可看出否命题和逆否命题是互逆关系;逆命题和逆否命题是互否关系;逆命题和否命题是互为逆否关系。

四、等价命题

通常把同真同假的两个命题称为等价命题。确切地说来,如果我们能从第一个命题真推证出第二个命题真,又能从第二个命题真推出第一个命题真,则称这两个命题等价。我们已看到,互逆命题一般不等价,对于等价的互逆命题,它们的条件都称为相应结论的充分必要条件。

互为逆否的命题却总是等价的,这叫做"逆否命题的等价性"。根据逆否命题的等价性,可知在命题变化的四种形式中,实际上不同的只有原命题和逆命题两种。另外两种仅是形式不同而已。由此可见,对逆命题的研究是相当重要的,很容易提出这样的问题:在什么情况下,一个命题和它的逆命题等价?事实上,除了对几种比较特殊的命题类可以有一般性的结论外,基本方法还是一个命题一个命题的具体考察。

下面介绍两种互逆命题等价的特殊情况:

(1) 同一法则

① 京广线上的长江大桥是武汉长江大桥。

② 等腰三角形顶角平分线是这等腰三角形底边上的中线。

③ 两组对边分别平行的四边形是两组对角分别相等的四边形。

④ 等腰三角形是有两外角平分线相等的三角形(等边三角形除外)。

上述前三例条件和结论所指的概念分别是同一关系的,是同一对象的两种说法,因此倒过来也一定成立,即这三个命题分别与逆命题等价,命题④的条件所指的概念和结论所指概念前者小后者大,是从属关系,它的逆命题是不真实的。

若再追问:如何知道条件和结论所指的概念是不是同一关系?容易看出。①和②是显然的,因为所论概念的外延唯一。说唯一的甲是唯一的乙,等于说甲、乙是一回事,因此等价于说乙是甲。命题③和④则没有这么简单,对于③需要证明两者外延相同,即证"平行四边形对角相等"和"两组对角分别相等的四边形是平行四边形";而对命题④则要举出外延不相同的反例。这两种情况已属于就一个命题的专门考察,因此我们应总结像命题①、②这类的命题类的规律。

一般说来,若一个命题可写成"A是B"这样的形式且概念A和B的外延都是唯一的,则称这个命题符合同一法则。符合同一法则的命题与其逆命题等价。

上述同一法则的限制十分严格,因而符合这个法则的命题并不多见。但不少资料上运用同一法则超出了上述范围,这样就会陷入缺乏根据而不可靠的境地。

(2) 分断式命题

在几何中可以归纳出这样的命题:

在 $\triangle ABC$ 中,
$$\begin{cases} AB < AC \Rightarrow \angle C < \angle B \\ AB = AC \Rightarrow \angle C = \angle B \\ AB > AC \Rightarrow \angle C > \angle B \end{cases}$$

这实际上是由三个命题综述而成的一个新命题,各命题的条件和结论分别既不重复又无遗漏地包括了所论事件之间的各种可能情况。这种组合命题就叫分断式命题。

一般说来,一个命题由 m 个命题"若 A_i 是 B_i"($i = 1, 2, \cdots, m$)组成,而 $\{A_i\}$ 和 $\{B_i\}$ 分别是条件和结论所论关系的一个分类,则此命题叫做分断式命题。

可以证明:分断式命题与其逆命题等价。

五、命题的复杂性

研究几何,当然希望多得定理。但将一个定理的条件和结论换位后,所得命题可能不真实,因此得不到一个新的定理,这是一件令人遗憾的事情。

例如,定理:凡直角都相等。

按前述定义,其逆命题为:"若两角相等,则这两角都是直角",它显然不真实。但是,若对原命题条件中所含事件进行剖析,可发现其中含有两个事件,而定理可写成:

$$\left.\begin{array}{l} \angle A \text{ 是直角} \\ \angle B \text{ 是直角} \end{array}\right\} \Rightarrow \angle A = \angle B$$

这时,若我们只拿条件中的一个事件和结论换位(这样当然公平一些),则可得到如下的新命题:

$$\left.\begin{array}{l} \angle A = \angle B \\ \angle A \text{ 是直角} \end{array}\right\} \Rightarrow \angle B \text{ 是直角}$$

这个命题就是:"与直角相等的角也是直角"。它显然是真实的。

由此可得如下两点启发:

(1) 可以把逆命题的概念推广到包括上述新命题的范围。即定义:将一个命题的条件和结论中的事件进行交换,所得的新命题叫做原命题的逆命题。

在这种意义下,一个原命题可以有许多逆命题。例如一个命题的条件包含四个事件,结论包含三个事件,则可以写出 105 个逆命题来。

(2) 将一个定理的条件和结论中的事件等个数地进行交换,所得逆命题真实的可能性较大。按这种换位法,一个条件包含四个事件,结论包含三个事件的定理,可以写出 34 个逆命题来。

为了获得较多的真实的逆命题,同时也不希望弄得过于烦琐,可以采取如下的步骤来制造逆定理:

剖析定理的条件和结论中所含事件;

将条件中的事件和结论中的事件等个数地进行换位;

对所得的逆命题逐一进行论证,真实者即为逆定理。

例如,已知定理:"等腰三角形底边的垂直平分线必通过其顶点"。

剖析条件和结论中所含的事件,可将条件剖为三个事件,而结论仅为一个事件,定理可写成下列形式(如图 7 - 4)。

在 $\triangle ABC$ 中,

$$\left.\begin{array}{l} AB = AC \\ DE \perp BC \\ BD = CD \end{array}\right\} \Rightarrow DE \text{ 通过 } A \text{ 点}$$

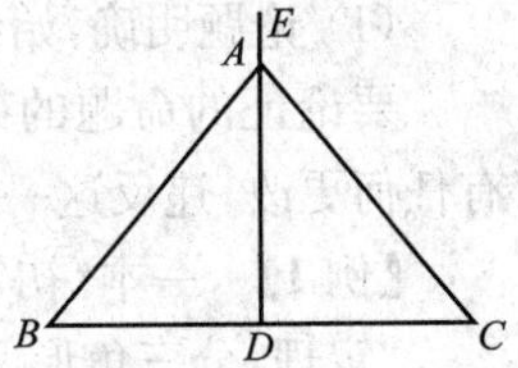

图 7 - 4

根据等个数交换事件的原则,将条件中的每一事件和结论换位,便可得三个逆命题。用语句叙述出来就是:

① 等腰三角形底边上的高也是底边上的中线;

② 等腰三角形底边上的中线也是底边上的高;

③ 一边上的高和中线相重合的三角形是等腰三角形。

容易证明,这三个逆命题都是真实的,于是得到原定理的三个逆定理。

值得注意的是,如何剖析条件和结论并无明确的标准,于是会出现因人而异结果多样的复杂情况。一般说来,剖析应该是越细越好,但细到何种程度为不能更细之尽头,事实上很难断言。同时,挖空心思地剖析也可能弄得命题的表述面目全非。

第四节　推理和论证

一、推理

推理是从一个或几个判断推理出一个新判断的思维形式。例如:

(1) 因为:三角形内角和为 $180°$;直角三角形是一种特殊的三角形。所以:

直角三角形的内角和为 180°。

（2）因为：锐角三角形的三高交于一点；直角三角形的三高交于一点；钝角三角形三高的所在直线交于一点；三角形只有锐角三角形直角三角形和钝角三角形三种可能情况。所以：三角形三高的所在直线交于一点。

由此可见，推理由两个部分组成：一部分是推理所依据的判断，叫做前提；一部分是推出的新判断，叫做结论。

二、论证

论证是利用一些确实可靠的判断，通过推理，来阐明某个判断的真实性的过程。数学中的论证通常叫证明。

逻辑论证，必须遵守如下的一些规则：

（1）论题明确，始终如一

要论证的命题的条件和结论，必须叙述得清楚准确，在论证过程中不允许有任何更改，违反这一规则所犯逻辑错误是"论题不清"和"偷换论题"。

【例 1】 一本《初等几何》上有如下叙述：

"定理：分三角形两边成比例的线段，平行于三角形的第三边。"

按这个论题的表述，可以出现（如图 7-5）所示的情况：

$$\frac{AD}{DB} = \frac{CE}{EA} = \frac{2}{1}$$

这时，满足"定理"的条件，但 DE 并不平行于 BC，即结论不成立。问题在于"分两边成比例"表述不清，没有限制所分得的四条线段怎样比法，其他书上叙述为"所得的对应比例"，比较明确一些。

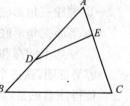

图 7-5

（2）论据真实，理由充足

论证时，不允许使用错误的判断作论据，也不能用真实性尚未证实的判断，还要注意，所用论据的真实性不得依赖求证论题的真实性。违反这些规则所犯的逻辑错误是"虚假论据"、"预期理由"和"循环论证"。

【例 2】 某《微积分学教程》中，证明 $\lim\limits_{x \to 0} \dfrac{\sin x}{x} = 1$ 时，主要利用不等式：

$$\sin x < x < \tan x \quad (0 < x < \pi/2)$$

这一个不等式的获得，是应用中学中关于初等几何图形的面积方面的知识，如图 7-6 所示。则有：

△AOB 的面积 ＜ 扇形 AOB 的面积 ＜ △AOC 的面积。

但是,若追问:扇形面积公式是怎样得到的? 事实上,不论是由圆面积的部分而推得,还是直观地用半径剖分扇形通过极限而求得,归根结底,总少不了要用"弧可以近似地由弦代替",这一判断,而这一判断就是:当 x 为很小的正值时,$\sin x \approx x$

而这正等价于 $\lim\limits_{x \to 0} \dfrac{\sin x}{x} = 1$。

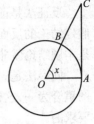

图 7-6

因此,严格说来,教程中的叙述存在着"循环论证"。

(3) 论证严谨,表述准确

数学论证要处处落实,杜绝漏洞,环环相扣,不容脱节,要防止以偏概全,注意叙述的清晰和简洁。

【例 3】 已知 D 是 $\triangle ABC$ 内的任一点,求证 $BD + DC < BA + AC$(如图 7-7)。

有人提出了这样一种证法:连 AD,作 AD 的垂直平分线与 AB、AC 分别交于 E、F,则 $AE = ED$,$BE + ED > BD$,于是 $BA > BD$,同理 $AC > DC$,这样就可得到

$$BD + DC < BA + AC。$$

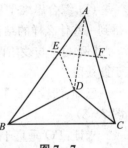

图 7-7

这种证法有很大的漏洞,因而是错误的。问题在于,AD 的垂直平分线一定通过 AB、AC 的内部吗? 实际上并不一定,当其中一个交点在边的延长线上时,上述证明就完全失效,可能得到的不是 $AC > DC$,而是相反的 $AC < DC$。

1. 直接证法和间接证法

直接证法是最常见的证题方法,它是从命题的条件出发,从正面入手,一步一步地直接推导出要证的结论,其一般步骤是:

∵ 条件 $\Rightarrow A \Rightarrow B \Rightarrow C \Rightarrow \cdots\cdots \Rightarrow$ 结论

∴ 条件 $\Rightarrow$ 结论

在推证的过程中,每一步都必须根据本题条件和已有的定义、公理和定理,不能凭借图形直观,更不能依靠主观臆想。

但是,有许多数学命题采用直接证法感到困难,这时也可以改用其他的办法,不再从题设条件入手,而从论题的结论着眼,间接地达到论证的目的,这样的证题方法就称为间接证法。

几何中常用的间接证法是反证法和同一法。

反证法是证明"结论非成立不可"。实际做法是：首先否定本题结论(或说假定结论的反面成立)，然后据理推出矛盾的结果，从而表明结论不容否定，于是本题结论就非成立不可了。

同一法是先作出适当的满足本题结论的图形，然后证明这个图形和本题原图重合为一，这样以所作的图形为中介，就间接地证明了本题图形是满足结论要求的。

例如，"以已知正方形的一边为底，向形内作一等腰三角形，使其底角等于15°，构成一个正三角形。"是大家熟知的用同一法证明的典型题。

2. 综合思维和分析思维

要寻找一个命题的证明途径，必须进行思考。就思考的路径而言，可以分为综合思维和分析思维两种。

(1) 综合思维是从已知的条件出发，根据已有的定义、公理、定理，考虑能够得到一些什么样的结论。简言之，综合思维的特点是由因导果。

【例 4】 与线段两端距离相等的两点的连线，必垂直于此线段。

已知：线段 AB 和点 P、Q，$PA = PB$，$QA = QB$(如图 $7-8$)。

求证：PQ 垂直于 AB。

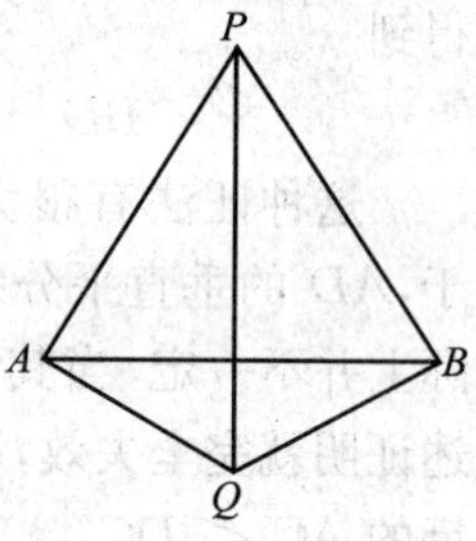

利用综合方法来进行思考，可得下列思维路径：

① 从条件 $PA = PB$ 出发，根据线段的垂直平分线定理的逆定理，可知 P 点在 AB 的垂直平分线上。

② 从条件 $QA = QB$ 出发，同理，可知 Q 点也在 AB 的垂直平分线上。

③ 已知 P、Q 都在 AB 的垂直平分线上，由于两点只能确定唯一的一条直线(公理)可知 PQ 就是 AB 的垂直平分线，所以，由垂直平分线的定义可知 $PQ \perp AB$。

图 $7-8$

(2) 分析思维是从欲得的结论入手，根据已有的定义、公理、定理，考虑能够得到这个结论的是什么样的条件。简言之，分析思维的特点是执果索因。

就上述例 4 来说，如果利用分析方法来进行思考，那么就可得到这样的思维路径：

① 要得到 $PQ \perp AB$ 的结论。只要证明 PQ 是 AB 的垂直平分线就行了；

② 要证 PQ 是 AB 的垂直平分线,只要证明 P 和 Q 都是 AB 的垂直平分线上的点;

③ 要证明 P 是 AB 的垂直平分线上的点,只要证明 $PA = PB$,要证 Q 是 AB 的垂直平分线上的点,只要证明 $QA = AB$。

但是,$PA = PB$,$QA = QB$ 均为本题条件,因此本题证明的思路就找到了。

我们在寻求证题路径的时候,更恰当的方法是相辅相成地联合使用这两种思考方法,而不是片面追求一种方法的单纯使用。应该一方面从结论追溯,选择足以产生它的条件;一方面从条件推导,寻求其可以得出的结论,上下紧逼、前后夹攻,一到相会合拢的时候,命题证明的途径就找到了。

3. 演绎推理和归纳推理

逻辑推理可以由一般到特殊,也可以由特殊到一般,根据这两种顺序相反的推理过程,相应地分为演绎推理和归纳推理。

(1) 演绎推理

演绎推理是由一般到特殊的推理形式。它是逻辑论证中最常用的推理方法,几何中各定理的证明,大都是通过这种推理而进行的。

演绎推理的逻辑依据是"曲全公理"(我国清朝严复翻译用词):如果对一类事物的全部有所断定,那么对它的部分也有相同的断定。换言之,某集合的元素所具有的共同性质,其任一子集的元素必具有。

根据"曲全公理",可以按下述三段论的形式来进行推理:

大前提:判断集合 M 的所有元素具有属性 P;

小前提:判断 S 是 M 的子集;

结论:断言集合 S 的所有元素具有性质 P。

显然,只要大前提和小前提都是真实的,结论的正确性就毋庸置疑。但是,若两个前提或其中的一个是错误的判断,则结论就有可能不真实。

例如,∵ 平行四边形的对角线互相平分(a——大前提);

AC、BD 是□$ABCD$ 的对角线(b——小前提);

∴AC、BD 互相平分(c——结论)。

这是正确运用三段论的例子。下列两例则是含有错误的例子,读者可自行分析其错误所在。

① ∵ 矩形都是平行四边形(a);

菱形不是矩形(b);

∴菱形不是平行四边形(c)。

② ∵平分弦的直径必垂直于这条弦(a);

直径 AB 平分过圆心的任一弦 CD(b);

∴$AB \perp CD$(c)。

运用演绎推理证明一个命题,其整个形式表现为一串前后连贯的三段论组成的链式结构。

【例5】 同圆中两条弦 AB 和 CD 相交于 P 点,求证 $PA \cdot PB = PC \cdot PD$(如图 7-9)。

本题的证明,可写成如下五个三段论所组成的链式结构:

① ∵在同圆中,同弧上的圆周角相等(a1)

而$\angle BAC$ 与$\angle BDC$ 同在弧 BC 上(b1)

∴ $\angle BAC = \angle BDC$(c1)

② ∵对顶角相等(a2)

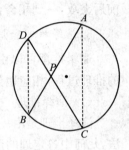

图 7-9

而$\angle APC$ 和$\angle DPB$ 是对顶角(b2)

∴$\angle APC = \angle DPB$(c2)

③ ∵有两个角对应相等的三角形相似(c3)

而在△PAC 和△PDB 中,$\angle PAC = \angle PDB$,

$\angle APC = \angle DPB$(b3)

∴△$PAC \backsim$ △PDB

④ ∵两相似三角形的对应边成比例(c4)

而△$PAC \backsim$ △PDB(b4)

∴$PA : PD = PC : PB$(c4)

⑤ ∵比例式中,两外项之积等于两内项之积(a5)

而 $PA : PD = PC : PB$(b5)

∴$PA \cdot PB = PC \cdot PD$(c5)

从上例的论证中可以看出,按三段论作出的演绎推理条理分明,结构严谨,对于发展逻辑思维和培养严密论述的能力很有作用。但是,一般命题按这种形式叙述则显得重复、冗长和烦琐。因而在实际证题时,往往在思想上严格按三段论推理,而在书写时进行适当的省略。如上述例5,可简化叙述。

证明:连接 AC、BD

① ∵ $\angle BAC$ 与$\angle BDC$ 同在弧 BC(b1)

∴ $\angle BAC = \angle BDC$(c1)

② 又$\angle APC = \angle DPB$(c2)

③ $\therefore \triangle APC \backsim \triangle DPB(c3)$

④ $\therefore PA : PD = PC : PB(c4)$

⑤ 于是得到 $PA \cdot PB = PC \cdot PB(c5)$

（2）归纳推理

这是由特殊到一般的推理,其基本特点是分别证明在各种可能情况下结论成立,然后归纳起来得出总的结论,用归纳推理来证题的方法。

完全归纳推理:根据某类事物中每一个对象的情况或每一个子类的情况,而作出关于该类事物的一般性结论推理。

完全归纳推理的推理形式:

X_1具有性质F;

X_2具有性质F;

……

X_n具有性质F;

$\{X_1, X_2, \cdots, X_n\} = A$

A类事物具有性质F。

不完全归纳推理:根据某类事物中的一部分对象的情况,而作出关于该类事物的一般性结论的推理。

不完全归纳推理的推理形式是:

X_1具有性质F;

X_2具有性质F;

……

X_n具有性质F;

……

$\{X_1, X_2, \cdots, X_n, \cdots\} < A$

A类事物具有性质F。

中学课本里的定理"圆周角等于同弧上圆心角的一半",就是利用完全归纳法,分为圆心在圆周角的边上、圆心在圆周角的内部和圆心在圆周角的外部这仅有的三种可能情况进行证明的。

类比推理是基于两个类的归纳推理,类比推理的推理形式是:

A 具有性质$F_1, F_2 \cdots F_n, P$,

B 具有性质$F_1, F_2 \cdots F_n$,

B 具有性质P。

上面讲述了推理论证的六种方法,它们是对于一切数学命题的论证都具有普遍意义的一般方法,因此通称为证题通法。这六种方法就证题过程可分为:直接证法与间接证法;就思维途径可分为:综合思维与分析思维;就推理方法可分为:演绎推理和归纳推理。在具体命题的论证过程中,这六种方法常常是相辅相成地融为一体。

思考题

1. 逻辑思维有哪些基本规律? 它们的内涵是什么?

2. 什么叫数学概念? 从概念外延的角度看,概念之间有什么关系? 概念的分类应遵循哪些标准? 给概念下定义的方式有哪些?

3. 什么叫数学命题? 命题基本结构和变化形式如何? 什么叫等价命题?

4. 什么叫反证法和同一法? 它们的逻辑依据是什么?

5. 什么叫推理、论证? 逻辑论证,必须遵守那些基本规则?

第八章 数学教学质量的测量与评价

数学教育的测量与评价,无论对数学教育研究还是对数学教学实践都具有十分重要的意义。教育测量与评价既为教育管理部门决策提供充分的资料和可靠的依据,也为教师制定教学计划、安排教学内容、选择与改进教学方法提供有用信息,同时也使得学生及时了解自己的学习情况以改进学习方法,端正学习态度。所以说,教育测量与评价是整个教育体系中重要的组成部分。当今世界数学教育中的许多疑难问题都与此有关,在有的国家与地区,测量与评价已对数学教育产生了消极影响。因此,改变传统的测量方法和评价观念,建立适应现代数学教育的评价体系,是人们必须认真研究的一个重大课题。

本章主要讨论数学教学过程中,对学生的学习质量以及教师的教学质量进行测量与评价。

第一节 数学教学测量与评价概述

数学教学测量是根据某种方案或法则,运用某类工具,将数学教学过程中有关方面的属性予以量化的过程。一般情况下,数学教学测量的主要形式是各类考试、测试或测验,试卷、问卷和调查表便成为教学测量的常用测量工具。数学教学评价,是人们在教学过程中,运用观察、调查、测量等方法,对教师的教学效果和学生的学习质量、个性发展水平以及其他有关方面的属性作出的一种价值判断的过程。

评价与测量这两个概念既有区别又有联系。一方面,现代教学评价离不开对教学质量的测量,尽可能地获取大量的、可靠的测量数据,可为科学、公正、合理的评价提供充分的依据。但是,教学测量不能将教学评价取而代之,这是因为教学测量的对象是教育、心理现象,而教育、心理现象中有许多内容是无法用纯数量化的方法加以测定的,对这些内容的评价必须借助于非量化资料才能进行。也就是说,教学评价所依据的材料既包括测量得到的量化数据,也包括由其他方法得到的非量化资料。另一方面,测量与评价的目的与作用也有所不同。测量的目的是提供可靠的量化数据,而评价则要根据量化或非量化资料进行定量、定性分析,在此基础上作出价值判断。

数学教学测量与评价(以下简称测评)是一种比较复杂的教学实践过程。在这一过程中,既追求评价技术的科学可靠性,又追求评价过程本身的教育性;既要判定教师教学的质量和教学本身的价值,又要判定学生的知识、能力和思维发展的水平,还要查明学生在掌握数学知识、形成数学能力、发展数学思维过程中,各种可供选择的教学方案、计划措施的实施价值,以及每一教学阶段在整个教学过程中的作用和地位等。因此,我们必须重视教学过程中的测评工作,掌握科学、合理、公正地进行测评的方法。

一、教学测评的功能

教学测评是整个教学工作中不可缺少的一个环节,它的重要性体现为以下几方面。

1. 导向功能

教学测量的方法和评价标准,可对教学内容、教学方法与措施起导向作用,这就是测评的导向性功能。例如,如果把升学率作为评价一个学校或一个教师的教学质量的唯一标准,那么就会出现大题量训练,随意增加课时,以及取消学生活动课等现象,其结果必定影响学生数学能力的发展与综合素质的提高。同样,高考命题把知识立意转变为能力立意,注重考查学生的创造与应用意识,考查学生分析问题、解决问题的能力,必然对中学数学教学重视学生能力的培养起较大的推动作用。

2. 反馈功能

教学测评,可为科学地分析教学活动过程、实现教学过程的最优化、及时改进教学工作提供十分有用的反馈信息。

对教师来说,通过测评,可以了解自己的教学效果和存在的问题,以便及时调整教学要求,改进教学方法。比如,在一次测验中,学生对试题"解方程 $x^2 = x$"竟作出错误解答"$x = \pm\sqrt{x}$",教师就应当对"开平方法"的教学过程进行反思:学生为什么没有真正理解掌握"开平方法"的实质,仅从形式上套用呢?找出了原因,就可采取相应的补救措施。教师通过测评,还可以了解学生的学习情况以及每个学生在班级中的相对位置及发展趋势,以便进行有针对性的辅导。教师经过长期的上述工作,就可以积累、总结出具有特色与风格的教学经验,发现教学规律,对提高教学实践与理论水平也大有裨益。

对学生来说,通过测评,及时了解自己的学习效果。哪些知识没有掌握?

哪些知识已真正学会了？解题思路是否正确？都能做到心中有数，从而促使他们采取积极有效的措施，提高数学学习水平。

3. 促进功能

首先，通过测评，学生可进一步明确学习目标，并为达到这一目标而努力学习。这是因为每一阶段的学习目标常通过各种测验题目体现出来。学生在学习时间与学习力量上的分配，常与测验中将出现的各种知识、原理与方法的可能性成正比；教师在复习时，对复习的内容、范围强调的程度也与教学目标相关。由此可见，为达到一定教学目标，并且学生已做了充分准备的测验，有助于促进学生学习。

其次，测验还能促使学生在测验前对教材进行复习、巩固，测验后还能澄清、修正某些模糊认识，更清楚地理解所学的知识，这些可为后续学习打下良好的基础。

再次，测验对学生在校学习具有重要的激励作用。心理学研究表明，在一定限度内，期望获得成功、避免失败，是学习环境下的合理动机。没有定期考试而希望学生认真、系统地学习，是不切实际的空想。因此，进行适度的记载成绩的考试与评价，可以促进学习。

最后，学生根据从外部获得的评价信息，可以学会自我评价学习效果，这种自我评价的习惯，有助于学业成绩的提高，在完成正规的学校教育以后，显得特别重要。

4. 选拔、鉴别功能

由于数学的重要性，数学已成为选拔各类人才的考核内容之一。在我国各级考试中，数学始终是一门必考科目。

二、教学评价的分类

根据教学评价的目的、形式、评定标准、对象范围的不同，可对评价做如下分类：

1. 按照评价功能分类

按照评价功能进行分类，有诊断性评价、形成性评价和终结性评价。

（1）诊断性评价。诊断性评价往往在学习某一新知识之前进行，以了解学生是否具有学习新知识必备的知识、技能，以及学习困难的基本原因。诊断性评价的结论不是评价的归宿，而是进行后继学习的起点。通过诊断性评价，可以为改进和提高下一阶段的学习提供依据，从而有针对性地制定教学计划，以促进学生的发展。还有助于选择教学方法、确定教学要求,以促使学生在原有的基础上得到发展。

(2) 形成性评价。形成性评价一般在教学过程中进行,以了解学生在这一阶段学习任务完成的程度。它的作用是提供教与学的反馈信息,作为调整教学活动、确定教学指导方向、调动学习者积极性、明确努力学习的方向、改进学习方法的手段。

为形成性评价进行的测验叫做形成性测验。及时反馈是形成性测验的基本特点,但不是它的最终目的。有了反馈信息,无论教师还是学生,都必须及时地加以利用,并采取有效措施,进行自我纠正。然而,在实施过程中,教师往往不易掌握形成性测验的标准,比如在数学教学中经常使用的单元测验和阶段测验,在功能上属于形成性测验,但是仍有某些教师喜欢利用测验的结果对学生进行排序,以显示他们在数学学习上的个别差异,或者在测验结束后仅作一次试卷分析,而没有自我纠正这个重要的过程。所有这些做法,都是偏离形成性测验的目的与作用的。

(3) 终结性评价。终结性评价是用来评价教与学双方是否达到了教学目标并给予相应的成绩为目的,它往往在一个教学阶段结束之后进行。比如,用来进行终结性评价的测验成绩,可以作为确定某学生在班集体中所处的位置的依据。作为他能否升级的依据等。而对教师来说,通过终结性评价,可以评定教学方案和教学方法的有效性,以及评定其教学水平的高低。期中、期末考试一般都用于终结性评价。

2. 按照参照标准分类

按照评价的不同参照标准可分为相对评价与绝对评价。

(1) 相对评价。相对评价是指在被评价的对象中,以它们的平均状态为基准,或者选取其中的一个或几个对象为基准,从而得出某一对象在该团体的相对位置和级别的价值判断。

相对评价的显著特点是根据被评价对象所在群体状态,决定每一个对象的位置状况,以表明他与其他对象的差距。例如,一个学生在一次考试中得 80分,如果全班学生的平均分是 85 分,那么 80 分不能算是好成绩,如果全班平均成绩是 75 分,那么这个学生的成绩就算不错了。

可见,相对评价对价值的判断具有相对性,因此,它不起诊断的作用,主要用来选拔人才,或作为编班、分组的依据。通常进行的中考、高考,是典型的相对评价型的考试。

相对评价有多种方法,其中较常见的一种是以全体对象或一个标准化样本在测验中取得的实际成绩的平均水平作为参照标准来进行评价的。这个用来作为参照标准的平均水平叫做常模。所以,相对评价有时又称为常模参照评价。

(2)绝对评价。绝对评价是在被评价对象集合之外,确定一个评价的标准,作为客观标准(如课程标准中规定的教学目的与要求),评价时,把评价对象与这个客观标准进行比较,以是否达到标准作为评价的主要依据。

如果用事先制定好的教学目标,或者用表示完成这目标的等级分类作为参照标准来解释成绩,那么该评价也叫做目标参照评价。目标参照评价的主要目的是评价学生的掌握水平,或者评价他们完成教学目标的程度。学业水平测试就是典型的目标参照评价。测试规定 90 分以上为优秀、80 分以上为优良、65 分以上为合格、65 分以下为不合格。如果一个普通中学有 90％以上的学生达到学业水平测试的合格水平,就说明该校基本完成了教学任务。可以看出,目标参照评价中的参照标准是绝对的。

3. 按照评价对象分类

根据被评价对象的不同,评价可分为学习评价与教学评价。

(1)学习评价。学习评价的内容主要是学生的学习行为、过程及其结果,包括对学生的学习动机、学习兴趣等非智力因素的评价,对学生在课堂内、外学习行为的评价,对学生数学能力、学业水平的评价等。

(2)教学评价。教学评价的对象主要是教师的教学行为、过程及其结果。包括课堂教学质量的评价、教师素质的评价、教师教学能力的评价等。

三、教学测评的特征

教学测评是对心理现象(学习结果)的测量与价值判断,一方面,它与物理测量一样,需要标准化的量具、标准的量具使用方法以及对度量的结果作出科学、合理的解释和使用;另一方面,由于教学评价处理的是比较隐蔽的、难以客观量化的心理现象,因此,它比物理测量更加复杂。

例如,教学中的测试没有统一的量表和单位。表面看来,通常考试都以 1 分为单位,但满分值不同的试卷,其分值并不一样,难度不同的试卷,其分值也不等。况且,人的心理现象一般没有绝对零点,即使一个学生的数学考试得零分,也不能说他对数学知识毫无所知。可见,考试分数的零点是相对的,是由调整试题的难度所确定的,这样,不同的考试因难度不同便有了不同水平的零点。

因参照点和单位不同,不同的考试分数,一般不具有可加性,所以把几门考试的原始分数直接相加,根据总分决定取舍,实际上是一种权宜之计,其中隐含着不合理的因素。例如,1984年高考数学题难度较大,考生的数学成绩偏低,这样数学成绩在总分中所占比例较小,这对高校数学系择优录取大为不利。

另外,测验所得的成绩与学生真正掌握知识的水平具有一定的误差,这些误差来源于试卷内部、考试过程和学生本人。比如,试题所考查知识的全面性、代表性,试题的难度、分量,用来表述试题内容的语言的准确性、清晰性,试卷编制的合理性等都直接影响考生答题的正确性与速度。测验过程中的物理环境,主试者的配合程度,对考生的心理状态也有影响。对考生来说,考试的临场经验,临考前或考试中的焦虑程度以及生理状况,都会影响考生的注意力的持久性、思维的灵敏性和反应速度。

由此可见,教学中的评价具有某种程度的主观性、相对性。但是,教学质量的优劣是客观存在的,差异是明显的,因此完全能用一个数量级来表示。正如美国心理学家桑代克和麦柯尔所说:"凡存在的东西都有数量,凡有数量的东西都可以测量。"我们所要做的工作是使教学测评尽量做到客观、合理、科学,把误差控制在一定范围之内,使之真正发挥其应有的功能。

第二节　数学学习质量的测评

学生学习质量的测评是学校日常教学工作的必要组成部分。课堂提问、独立作业、板演、测验都是测量学生学习效果的有效而常用的方法,其中测验是最主要的一种。

如前所述,要对学生学习质量的测评尽量做到客观、合理、公正,使之发挥其应有的功能,我们必须把握好测评过程中的每一个环节。

一、数学试题的题型和编制

数学试题有多种类型,按考查的知识内容分为计算题、作图题、证明题等;按答题的方式可分为填空题、选择题、是非题、解答题等;如果根据评分的方式又可分为客观题与主观题两大类。

客观题的特点是要求学生给出试题的最终答案,而不必写出具体的解题过程。客观试题的阅卷工作一般可由机器或普通人员来完成。由于客观题的答案具有唯一性和确定性,因而评分简单、客观,可以消除因评分人员的主观因素而产生的评分误差,有利于提高考试的信度和效度。客观题的解答不必给出具体过程,因而可以节约时间,有利于增大试卷容量,提高考查知识的覆盖面。这是客观题的两个主要优点。对于数学测验来说,客观题的主要缺点是反映不出解题的思维过程,有些题目可以凭随机猜测或答题的"窍门"得到正确答案,不一定完全反映学生的实际成绩。

数学测试中常见的客观题型是选择题、是非题和填空题,其中填空题的评分不能由机器完成。

与客观题相反,主观论述题要求学生写出完整的解题过程。由于解题的方法或解题过程的表述不唯一,尽管也有评分标准,但仍然存在因评分人员的主观经验而产生的评分误差,这是主观论述上的不足之处。但是,由于主观论述题的解答不能凭猜测,解题思维过程一目了然,这样,既有利于学生充分施展他们的才能,多角度地寻找解题途径,又有利于教师了解学生解题过程中的薄弱环节和思维水平。因此,至今它仍然是数学测验中一类主要题型。

进行数学测验的第一步是选择考题,考题可从题材库中提取,也可在陈题的基础上编制新题。

编制新题的常见方法有以下几种:

(1) 变更条件法。适当改变陈题的条件,便可得到与之相近的新题,这种编题的方法比较常见且容易掌握。

(2) 特殊化法。即由一般命题得到特殊命题的方法。

(3) 参数法。将原题中某一数据改为参数,得到求参数值或参数范围的新题。

(4) 形式转换法。改变问题的表述形式或图形的位置及形状可得新题。

新题编制好后,为避免出错,应做到五要五不要:

对拟出的题目,命题者要认真作答一至二遍,有些题最好用多种方法试试,不要在解答过程中犯逻辑上的错误。解题中的考察不周、论证不严、解答不完整、讨论不全面都会造成命题中的失误。所以说,拟出题目后除自己作答外,还应当多请几位同行解答,这样便于发现问题。尤其集体命题时,千万不能怕麻烦,不能讲"信赖",应该每人独立认真作答一遍后再讨论答题。

对拟出的题目,要仔细推敲题设条件之间或条件与结论之间的和谐性,不要犯条件自相矛盾、条件不足或条件多余的错误。

对拟出的题目,要慎重考虑其条件或结论是否符合客观事实,千万不要马虎省事地主观臆造。

对拟出的题目,要认真推敲文字语言的叙述是否准确表达命题意图,不要造出似是而非或模棱两可的答案,使得答题者无所适从,影响效果。

对拟出的题目,要注意标准符号、标准述语、标点符号的使用,不要出现不规范语言和误用、不用标点符号的现象。

二、数学试卷的编制

数学试卷是检查学习质量的工具,编制一份好的试卷是进行教学测评的首要前提。数学测验试卷的编制,一般遵循下列原则:

1. 目的性原则

在编制一份数学试卷之前,首先应当明确为什么要进行测验,其目的是什么,因为测验的目的直接影响到试卷编制工作的各个方面。

首先,测验目的对测验内容的广度有影响。例如,以了解学生掌握数学知识程度为目的的单元测验,其命题范围一般都不超过该单元所包含的内容。而以选拔为目的的数学高考其内容范围就要广得多,对数学能力的考查也有较高的要求。

其次,测验目的对测验内容的深度有影响。例如,有些省份的高中数学会考的目的是检验每个高中毕业生在数学学科上是否已经达到了教学课标中所规定的各项教学基本要求,因此试题的难度就应当适中,而数学竞赛,它是以选拔人才为目的的,因此对试题的难易和鉴别力必然会有很高的要求。

再次,测验目的对命题的原则有影响。例如,数学会考与高考,一般都应该以数学课程标准作为命题的依据,而数学竞赛则可以不受此原则的束缚。如目前竞赛中频繁出现的有关数的整除性这方面的试题,就超出了课标规定的内容范围。

此外,测验目的还对测验的方法、形式、实施等有影响。因此,只有明确了测验的目的,试卷的编制才不会偏离方向,测验的有效性才有可能得到保证。

2. 测验与教学要求一致的原则

教学要求是进行教学的依据,测验是对教学效果的检查,这两者应该是一致的。下列做法有助于实现这个原则。

(1) 以数学课程标准和教材为依据,试题涉及的数学基础知识、基本技能与方法不应该超出课标中规定的内容与要求。

(2) 编制双向细目表。双向细目表是编制试卷的蓝图,它给出了一份试卷的整体结构,具体反映出所要测试的知识和能力层次以及各自在试卷中的比例。

3. 科学性、有效性原则

试题不能是错题,这是最起码的科学性要求。此外,为了保证测试公正、合理,还必须遵循有效性原则。为此,应注意以下几方面:

(1) 试题有较大的覆盖面,要保持各部分内容之间的恰当比例,突出考查中学数学中的重点内容。

(2) 试题的份量要恰当,难度要适中,与测验群体中多数学生的水平相符。

(3) 试卷的编排要合理,即按从易到难的顺序编排试题,使各题的难度构成一个梯度,又要注意各试题之间的独立性。

(4) 试题的语言表达应简明、清晰,图形要正确。

(5) 编制参考答案,给出评分标准。

三、学生学习评价的改革趋势

评价的改革一直是人们最关心的问题。伴随着数学课程与教学的改革,必然要进行评价的改革。在各国的数学课程改革中,评价表现出以下几个主要特征:

1. 评价主体的多元性

评价不只由教师和学校进行,而且也可以由学生进行自我评价,以及学生间进行互相评价。英国的教学评价一方面注重教师的评价,即不光是看考试的分数,而且看重教师在日常教学过程中对学生考察了解、鼓励学生所取得的进步。另一方面,还有阶段末的国家统一考试。同时也注重在学习过程中学生的自我评价,以及学生间进行互相评价。

2. 评价内容的多元化与开放性

在数学学习评价的过程中,一些国家设计了多元化的和开放式的问题,通过这样的问题可以从多个维度了解学生数学的发展情况。例如,澳大利亚Catholic 大学的 Clarke 博士的一项"开发和运用丰富的评价活动"的研究具体地展示了一种有意义的可操作的评价学生数学成就的方法。这种方法与传统的纸笔测验的评价方式截然不同。问题的性质、评价方式以及对评价的操作都不同于传统的方式。这种评价方式更加关注学生的数学发展和在数学学习过程中特殊的表现。学生可以在完成一项具体的任务中表现出对数学的兴趣、对数学知识与技能的掌握以及思维能力和创造能力等。从学生完成某一项特定任务的表现中,教师和学生可以对参与者的表现做出多方面的判断。这一评价方式的核心是选择和运用具有评价特征的数学活动。根据

Clarke 的研究,丰富的评价活动具有如下特征:

(1) 与教学内容有密切联系;

(2) 一项活动可产生多种结果;

(3) 需要有充足的时间来完成,并可以有效地管理;

(4) 所有学生都能从头做起;

(5) 学习者要直接参与;

(6) 可成功地运用多种方法和策略;

(7) 提供可选择的或开放式的测量方法;

(8) 鼓励学生展示自己对所学内容的理解;

(9) 允许学生说明他们能否将所学的概念建立起联系;

(10) 活动本身对学生的学习是有价值的;

(11) 为学生提供一系列应答的机会,包括展示他们学过的各种知识内容;

(12) 使教师和学生关注各种数学活动;

(13) 能使教师决定学生所需要的特殊的帮助。

具有以上特征的数学活动可以作为有效地评价学生数学成就和数学学习过程表现的内容。这些活动的运用不仅使学生学到有关的内容和方法,而且可使教师从多方面了解学生数学学习的表现,包括学生的思维活动、对有关内容的理解和掌握、数学的创造能力、数学学习活动的参与程度以及对数学的情感态度。这些活动与学生的现实生活有密切的联系,是学生感兴趣和愿意参加的,而并不只是单纯地指向评价这一任务的。学生可通过这些评价活动在多方面受益。

3. 评价方式的多样性

评价方式的多样性成为许多国家和地区数学学习评价的一个基本策略。评价方法中要求:

(1) 评价方式宜多样化,除纸笔测验外,应配合单元目标采用实测、讨论、口头回答、观察、作业或专题研究等方法。

(2) 教学过程中须随时采用各种方法评价学生的学习状况,以便及时发现学习困难,进行补救教学。

(3) 段考或平常测验命题时,其范围或内容须顾及教学目标内容。试题难度应适中,以提升学习兴趣。

(4) 除选择题与填充题外,其他题型均宜制定分段给分标准,依其作答过程的适切性,给予部分分数。这些方法都充分体现了以学生为主体,注重过程、注重活动的思想。

第三节 数学课堂教学质量评价

数学课堂教学质量评价,是数学教学研究活动的一项主要工作,对总结经验、改进教学、提高教学质量意义重大。以下对课堂教学评价的几个主要环节进行讨论。

一、数学课堂教学质量评价的教师因素分析

影响课堂教学质量的教师因素有三个方面:教师的知识水平、教师的教学能力、教师的教学特色和风格。

对于教师的知识水平因素可从两方面来考虑:一是教学内容本身的,在教学中反映为输出的知识内容的科学性、系统性、深刻性及其理想性,这可从输出过程、结果中判断,作出评价;二是教学内容处理中涉及的知识内容,这些知识一般并不出现在教材中,是由教师为了教学的需要而选用的,并且由于不同的处理而有不同的选择,其作用是促使教学内容的掌握,不仅是知识因素,也是教学性因素,其评价主要是从它对知识掌握的程度来作出的,即从其教育性作出评价。

在数学课堂教学中,能力的培养是通过数学知识的教学进行的,能力的培养涉及知识内容的输入方式、方法,并且必须由学生经历它才能获得。数学知识在其形成的同时也凝聚了能力因素,在教学中,学生经历其数学活动过程的同时,数学知识中凝聚的能力因素不同程度地转化成学生的能力因素,并且这种转化是"积分性"的,不同的活动形式、办法,产生不同的转化程度。因此,关于课堂教学中能力的培养与评价,主要是看教师能否理解知识内容中凝聚的能力因素,看其是否选择了有利于能力转化的活动方式,还要看其是否让学生充分经历其数学活动。在课堂教学中教学能力因素,总是与知识教学内容相联系的,但就其与教学内容联系的程度大致可分为两类:一类是与教学内容联系密切的,如教学结构、教学方法的选择;一类是与教学内容联系不怎么密切的,甚至无甚联系的,如(语言)表达能力、课堂组织能力、应变能力等。教学方法的选择是决定教师教学能力的一个主要因素,也是课堂教学评价的一个重要指标因素。教学方法的选择,既要适应于教学内容宜于怎样输出,又要适应学生宜于如何输入,并要使两者统一起来。根据教学内容来选择适当的教学方法,课堂教学质量评价就是看其是否能使学生接受知识更容易、更深刻、更有利于能力的获得。教学结构是指教学内容的整体性处理。(语言)表达能力、课堂组织能力、应变能力等,尽管与教学内容的联系不像教学方法的选择那样由教学内容

所决定,但其较高水平的层次却总是与教学内容联系的。如较高水平的课堂组织能力,是通过教学内容的组织而进行的,不是靠与内容无关的手段进行的。应变能力则更需要知识的丰富、深刻作支撑。

教师的教学特色与独特风格是教师长期教学经验的积累,是教师各方面因素的异化,对教学的影响不是各因素单向作用所比拟的,甚至可以补偿单项作用之不足。因此,对于独具特色与风格的教师的课,应加以特殊考虑,才能反映教学质量的客观情况。

二、数学课堂教学质量评价方案

1. 教学目的、要求

通过教案及教学过程中对知识的深度等方面的情况,了解确定评价方案。评价要求:

(1) 符合课标要求;

(2) 符合学生实际;

(3) 明确、具体、恰当。

2. 教学内容

通过教学过程与结果进行评价。评价要求:

(1) 科学性(概念准确,推理正确);

(2) 系统性(体系、知识的衔接、层次);

(3) 思想性(教学内容中的思想教育因素);

(4) 深刻性(数学思想、方法的渗透);

(5) 教育性。

3. 基本教学能力

(1) 表达能力(语言准确、清晰、简洁、流畅、生动、有感染力,板书工整、精炼,布局合理,有层次,教具演示或媒体使用适当);

(2) 课堂组织能力(活而不乱的课堂教学秩序,师生配合默契,气氛生动活泼,调动学生的积极性、主动性);

(3) 应变能力(捕捉反馈信息迅速、准确,调整教学安排及时适当,处理突发性问题恰当)。

4. 教学目的、要求

(1) 步骤、层次分明,重点突出;

（2）诸环节衔接紧凑，过渡自然；

（3）容量适当，张弛适度，详略得当；

（4）循序渐进。

5. 教学方法的选择与运用

（1）启发式（激发动机，启发思维）；

（2）能展现教学活动过程（即概念的形成过程，问题思路的提出与发展过程，性质、公式、定理的证明过程，并能让学生生动地经历它）；

（3）因材施教（使各层次的学生都能参加到教学活动中，并能各有所获）。

6. 教师的教学特色、风格或严重缺陷、失误

（1）课堂讲授使学生产生强烈的求知欲和对数学课程的浓厚兴趣；

（2）有自己独特的教学风格和人格魅力；

（3）在学生中有很高的威信。

7. 教学态度

（1）教学认真负责；

（2）面向全体学生；

（3）教态自然亲切；

（4）诲人不倦。

对各项赋权，分等级评分，进行综合评价。其中对各因素的权重的合理赋值，既反映了数学教学规律，也产生评价的导向作用。

三、听课和评课

根据上述评价方案，我们着重讨论一下数学课堂教学质量评价活动中的两项主要活动：听课、评课。

1. 听课

（1）听课应该按下面三个步骤来进行：

① 课前要有一定的准备工作；

② 听课中要认真观察和记录；

③ 听课后要思考和整理。

（2）不仅要关注教师的教，更要关注学生的学，对于教师的教，听课时重点应该关注的是：

① 课堂教学确定怎样的教学目标（学生要学习哪些知识？学到什么程度？

情感如何?)。目标在何时采用何种方式呈现?

② 新课如何导入,包括导入时引导学生参与哪些活动?

③ 创设怎样的教学情境,结合了哪些生活实际?

④ 采用哪些教学方法和教学手段?

⑤ 设计了哪些教学活动步骤? 如:设计了怎样的问题让学生进行探究、如何探究;安排怎样的活动让学生动手动口操练,使所学知识得以迁移巩固;设计怎样的问题或情境引导学生对新课内容和已有的知识进行整合等。

⑥ 使哪些知识系统化? 巩固哪些知识? 补充哪些知识?

⑦ 培养学生哪些方面的技能? 达到什么地步?

⑧ 渗透哪些数学和教育思想?

⑨ 课堂教学氛围如何?

对于学生的学习活动,听课时应该关注:

① 学生是否在教师的引导下积极参与到学习活动中;

② 学习活动中学生经常做出怎样的情绪反应;

③ 学生是否乐于参与思考、讨论、争辩、动手操作;

④ 学生是否经常积极主动地提出问题。

(3) 听课者应定位为教学活动的参与者、组织者,而不是旁观者。听课者要有"备"而听,并参与到教学活动中,和授课教师一起参与课堂教学活动的组织(主要是指听课者参与学习活动的组织、辅导、答疑和交流),并尽可能以学生的身份(模拟学生的思路知识水平和认知方式)参与到学习活动中,以获取第一手的材料,从而为客观、公正、全面地评价一堂课奠定基础。

(4) 把学生的发展状况作为评价的关键点。教学的本质既然是学习活动,其根本目的在于促进学生的发展。因此学习者学习活动的结果势必成为评价课堂教学优劣、成败的关键要素。学生在学习活动过程中,如果思维得到激发、学业水平得到充分(或较大程度)的发展与提高、学习兴趣得到充分(或较大程度)的激发并产生持续的学习欲望,则可以认为这就是一堂很好的课。

2. 评课

(1) 从教学目标上分析

教学目标是教学的出发点和归宿,它的正确制订和达成,是衡量一节课好坏的主要尺度。所以分析课首先要分析教学目标。

① 从教学目标制订来看,要看是否全面、具体、适宜。依据《课标》,教学目标中的要求,全面是指要从知识、能力、思想感情、学习策略、文化策略等五个方

面来确定教学目标;具体是指知识目标要有量化要求,能力、思想情感目标要有明确要求,体现学科特点(参见课标);适宜是指确定的教学目标能以课标为指导,体现年段、年级、单元教材特点,符合学生年龄实际和认识规律,难易适度。

②　从目标达成来看,要看教学目标是不是明确地体现在每一教学环节中,教学手段是否都紧密地围绕目标,为实现目标服务。要看课堂上是否尽快地接触重点内容,重点内容的教学时间是否得到保证,重点知识和技能是否得到巩固和强化。

（2）从处理教材上分析

评析老师一节课上得好与坏不仅要看教学目标的制定和落实,还要看教者对教材的组织和处理。评析教师一节课时,既要看教师知识教授得准确科学,更要注意分析教师教材处理和教法选择上是否突出了重点,突破了难点,抓住了关键,渗透在数学教材的数学思想方法是否挖掘得非常深刻。

（3）从教学程序上分析

教学程序评析包括以下几个主要方面:

①　看教学思路设计。教学思路是教师上课的脉络和主线,它是根据教学内容和学生水平两个方面的实际情况设计出来的。它反映一系列教学措施怎样编排组合,怎样衔接过渡,怎样安排详略,怎样安排讲练等。

教师课堂上的教学思路设计是多种多样的。为此,评课者评教学思路,一要看教学思路设计是否符合教学内容实际,是否符合学生实际;二要看教学思路的设计是不是有一定的独创性,超凡脱俗,给学生以新鲜的感受;三看教学思路的层次,脉络是不是清晰;四要看教师在课堂上教学思路实际运作效果。

②　看课堂结构安排。教学思路与课堂结构既有区别又有联系,教学思路侧重教材处理,反映教师课堂教学纵向教学脉络,而课堂结构侧重教学技法,反映教学横向的层次和环节。它是指一节课的教学过程各部分的确立,以及它们之间的联系、顺序和时间分配。课堂结构也称为教学环节或步骤。计算授课者的教学时间设计,能较好地了解授课者授课重点、结构。安排授课时间设计包括:第一,计算教学环节的时间分配,看教学环节时间分配和衔接是否恰当。第二,看有无前松后紧或前紧后松现象,看讲与练时间搭配是否合理等。计算教师活动与学生活动的时间分配,看是否与教学目的和要求一致,有无教师占用时间过多,学生活动时间过少现象。第三,计算学生的个人活动时间与学生集体活动时间的分配。看学生个人活动、小组活动和全班活动时间分配是否合理,有无集体活动过多,学生个人自学、独立思考、独立完成作业时间太少现象。第四,计算优、差生活动时间。看优、中、差生活动时间分配是否合理。有无优等

生占用时间过多,差等生占用时间太少的现象。第五,计算非教学时间,看教师在课堂上有无脱离教学内容,做与教学无关的事,浪费宝贵的课堂教学时间的现象。

(4) 从教学方法和手段上分析

教学方法是指教师在教学过程中为完成教学目标、任务而采取的活动方式的总称。包括教师"教"的方式,还包括学生在教师指导下"学"的方式,是"教"的方式与"学"的方式的统一。

评析教学方法与手段包括以下几个主要内容:

① 看是不是量体裁衣,优选活用?教学有法,但无定法,贵在得法。教学是一种复杂多变的系统工程,不可能有一种固定不变的万能方法。一种好的教学方法总是相对而言的,它总是因课程、因学生、因教师自身特点而相应变化的。也就是说教学方法的选择要量体裁衣,灵活运用。

② 看教学方法的多样化。教学方法最忌单调死板。教学活动的复杂性决定了教学方法的多样性。所以评课既要看教师是否能够面向实际恰当地选择教学方法,同时还要看教师能否在教学方法多样性上下功夫,使课堂教学超凡脱俗,常教常新,富有艺术性。

③ 看教学方法的改革与创新。评析教师的教学方法,尤其是评析一些素质好的骨干教师的课,既要看常规,更要看改革和创新。要看课堂上的思维训练的设计,要看创新能力的培养,要看主题活动的发挥,要看新的课堂教学模式的构建,要看教学艺术风格的形成等。

④ 看现代化教学手段的运用。现代化教学呼唤现代教育手段,教师还要适时、适当运用投影仪、录音机、计算机、电视、电影等现代化教学手段。

(5) 从教师教学基本功上分析

教学基本功是教师上好课的一个重要方面,所以评析课还要看教师的教学基本功。

① 看板书:板书设计科学合理,言简意赅,条理性强,富有艺术性(字迹工整美观,板画娴熟等)。

② 看教态:教师课堂上的教态应该是明朗、快活、庄重,富有感染力。仪表端庄,举止从容,态度热情,热爱学生,师生情感交融。

③ 看语言:教学也是一种语言的艺术。教师的语言有时关系到一节课的成败。教师的课堂语言,要准确清楚,精当简练,生动形象,富有启发发性。教学语言的语调要高低适宜,快慢适度,抑扬顿挫,富于变化。

④ 看操作:看教师运用教具、投影仪、录音机、微机等熟练程度。

（6）从教学效果上分析

分析一节课，既要分析教学过程和教学方法方面，又要分析教学结果方面。看课堂教学效果是评价课堂教学的重要依据。课堂效果评析包括以下几个方面：

① 教学效率高，学生思维活跃，气氛热烈。

② 学生受益面大，不同程度的学生在原有基础上都有进步。知识、能力、思想情操的培养达到预期目标。

③ 有效利用40分钟，学生学得轻松愉快，积极性高，当堂问题当堂解决，学生负担合理。

课堂效果的评析，有时也可以借助于测试手段。即当上完课，评课者出题对学生的知识掌握情况当场做测试，而后通过统计分析来检验课堂效果。

当然，实际评课时不要面面俱到，要有所侧重。

思考题

1. 教学测评是整个教学工作中不可缺少的一个环节，它的重要性体现在哪几个方面？教学测评有哪些基本特征？

2. 数学试题有哪些基本题型？编制试题应遵循哪些基本原则？编制数学新题的常见方法有哪几种？

3. 课堂教学质量评价活动中的两项主要活动是听课和评课，听课应该重点关注什么？评课应该重点关注什么？

第九章 数学教师的进修与科研

中学数学教学质量的高低,在很大程度上取决于数学教师的素质和工作态度。数学教师不仅是数学知识的传播者,同时也是教育者、引导者、智力开发者和教育改革者。每一位数学教师都要特别重视提高自己的职业素质,以适应于数学教师的职业要求。本章就中学数学教师的基本素质、进修与科研展开讨论。

第一节 中学数学教师的基本素质

中学数学教师的基本素质包括道德素质、文化素质、能力素质、身心素质、仪表风度等多个方面。

一、道德素质

教师的职业道德是指教师在从事教育工作过程中所应遵循的道德规范和准则,它是教师素质结构中极为重要的方面。教师的道德素质内容主要包括以下几个方面。

1. 热爱教育,献身教育

热爱教育事业、献身教育事业是教师道德素质主要的方面,是决定教师其他道德素质的前提。热爱教育事业,甘为人梯,体现了人民教师全心全意为人民服务的崇高品德,是人民教师无私奉献精神的体现。作为一名教师就应把自己全部心血灌注在培养下一代上,用智慧的钥匙,为青少年打开科学文化宝库的大门,用崇高的品德,去塑造青少年美好的心灵。

2. 热爱学生,诲人不倦

热爱学生,诲人不倦是衡量教师道德水准的标尺,是教师的神圣职责。教师只有热爱学生,才能教育好学生。热爱学生,诲人不倦,就是要求教师像慈母一样关心学生,了解学生;要尊重学生,信任学生;要备好课,上好课;要严格要求每一个学生;要耐心帮助后进学生。

3. 严以律己，为人师表

严于律己，为人师表就是教师必须言行一致，表里如一，以身作则，作出表率，要教育好学生，教师必须严格要求自己，处处为学生做榜样。凡是要求学生做到的，教师首先要做到；凡是要求学生不做的，教师更不要做，学生不仅听老师怎么说，还要看老师怎么做。教师的为人处世、治学态度和方法都会对学生产生影响。教师只有严于律己，在各方面成为学生的表率，才能在学生中有较高的威望，教师讲的学生才容易接受，才能照着做。否则教师不仅会丧失威信，甚至有可能失去教育人的资格。

4. 治学严谨，教书育人

教师知识水平的高低、对待日常教学工作的态度，会直接影响教学效果，还涉及学生和整个社会的利益。一个教师治学严谨，学识渊博，精心施教，才能培养出优秀的学生。反之，自己治学马虎，不学无术，对教学工作态度冷淡，敷衍搪塞，只会白白浪费学生的宝贵时光和社会财富，以致误人子弟，有损于教育事业和整个社会的利益。因此，一个教师治学的态度和对待教育工作的态度是一个极为重要的职业道德问题。

教书育人是教育工作的双重职责。教师不仅要教好书，而且还要育新人，两者不可偏废。每一个教师都应掌握过硬的教书育人本领。首先，教师应孜孜以求，学而不厌。其次，教师要寓道于教，培育新人。常言道："经师易得，人师难求。"我们认为，每一个教师应既当经师，又当人师，把两者有机结合起来。一方面加强自身的文化修养，一方面寓道于教，精心育人。苏霍姆林斯基告诫我们："请记住，你们不仅是自己学科的教员，而且是学生的教育者，生活的导师和道德的引路人。"

二、文化素质

教师的职责是传播人类思想文化，造就各种社会人才。教师要担此重任，本身必须具备较高的文化素质，这是教师从事教育工作所必需的基本条件。教师的文化素质是指教师的知识结构及其程度。一名合格的中学数学教师合理的知识结构应包括以下几方面。

1. 精深的数学专业知识

数学专业知识是数学教师知识结构的核心。数学教师是通过传授数学知识，把数学知识转化为学生个体的知识结构来完成教学任务的。如果教师不具备精深的专业知识，要完成教学任务是不可能的。中学数学教师的专业知识应包括如下几个方面：首先，要掌握高等数学的基础知识，如数学分析、高等代数、解析几何、近世代数、实变函数、泛函分析、概率论等课程的基础理论。在学习高等数学的过程中，可使教师受到高层次的、严格的思维训练，更加深入地掌握数学的思想方法，提高数学素养。同时，可以利用所掌握的高等数学知识居高临下地去研究初等数学中的问题，如实数理论、因式分解、π的计算方法以及递推数列的求解等，从而深刻地理解和吃透教材，深化对数学本质的认识，发挥高等数学对初等数学的指导作用，在教学中做到深入浅出。其次，熟练地掌握初等数学内容。中学数学的主要内容是初等数学。因此，要搞好中学数学教学，教师必须有扎实的初等数学功底。一名合格的中学数学教师要通晓当前数学课程的全部内容。包括掌握和运用基本的数学思想和数学方法，了解中学数学课程的体系结构和发展趋势，能够正确地理解数学概念、定义、定理、法则和公式的含义，并能用数学语言进行精确地表述，清楚地了解它们的来龙去脉及在整个数学中的地位和作用。最后，掌握与教材有关的数学史。中学数学教师学习数学史具有以下意义：学习数学史有助于全面深刻地理解数学知识；通过学习数学史，可了解数学知识的来龙去脉，有助于我们处理教材，寻求有效的教学方法；学习数学史，可以了解数学前辈们的刻苦钻研的精神；中学数学教材中有大量的数学史料，中学数学教师必须掌握与充分利用这些史料才能很好地完成教学任务。

2. 必备的教育科学知识

教育科学知识是教师文化素质的重要内容，是教师成功地进行工作所必需的知识，教师要想增强工作的自觉性，少走弯路，少犯错误，就必须学习教育学、心理学、教学法等方面的知识。掌握正确的教育观念，了解教育工作的基本规律和基本方法并用于指导实践。作为中学数学教师，既要熟悉一般教育科学的基本理论，又要把握数学教育的基本理论。

目前教育科学已发展成为一个分支繁多的学科群。作为一名中学数学教师至少应熟悉和掌握其中的教育学和心理学。教育学是从理论上系统揭示教育规律和方法的一门科学。通过学习教育学，我们可以比较系统地了解教育的目的、原则、教学的过程、方法等一系列主要的教育理论与教育实践问题，使我们能够自觉地运用教育规律，根据教学内容、学生实际选择有效的教学途径和手段，以取得教学的最佳效果。

心理学是研究人的心理活动及其规律的科学，它系统地研究人的心理机制、感觉、记忆、思维技能以及动机情感、心理差异等心、理发展规律。长期以来,教师普遍有这样的体会:教学要注意师生的"双边"活动;备课要吃透学生和教材"两头"。"双边"也好"两头"也好,其中之一是要求教师对学生的心理特点有深入的了解。教师要组织好课堂教学活动,离不开对学生心理活动的了解,懂得学生的个性差异及其特点。只有这样才能减少教学工作的盲目性,提高教学效果。

数学教育作为一门特殊的教育科学,除具有一般教育科学的共性外,还有它自身独特的个性,有其特殊的规律。所以数学教师要认识和掌握这个规律,除掌握一般教育科学的基本理论外,还要掌握数学教育科学的基本理论,数学教育科学提示了数学教学的规律,在数学知识结构和学生知识结构间起着中介的作用,促进两者的结合。

3. 广博的相关学科知识

一名合格的中学数学教师,除了应具备精深的数学专业知识和必备的教育科学知识外,还应有广博的与数学教育密切相关的各门学科知识,具有广泛的文化修养和兴趣爱好。各门学科知识都不是孤立的,而是彼此相关。数学教师要努力做到既有数学专长又有广泛涉猎。应懂得物理、化学等与数学相关的各门学科知识,掌握数学在其中的应用,以便使学生弄懂各门学科的联系,学会综合应用。还要懂得一些文学和艺术,既要有点业余爱好,又要有较多的生活常识,这些是数学教师知识结构中应有的部分。

三、能力素质

教师的能力素质是指教师顺利完成教育活动必备的心理条件。缺少这种条件,教师就无法完成教学任务。教师的能力素质是在教师生理功能正常的基础上,经过教育培养,并在教育教学实践活动中总结经验教训,汲取他人的智慧和经验而逐步形成和发展起来的。教师的能力素质主要包括以下方面:运算能力、思维能力、空间想象能力、解题能力、数学应用能力、数学创新能力、语言表达能力;分析教材能力、组织教学能力、现代教育技术的应用与操作能力、开展第二课堂活动能力;独立获取知识发展自己的能力、表达与交流以及组织能力等。

四、身心素质

教师的工作是一项复杂而艰辛的工作,要适应工作的需要,就要求每一位教师具备良好的身心素质。身体素质是人体活动的一种能力,指人体在运动、劳动与生活中所表现出来的力量、速度、耐力、灵敏及柔韧性等能力。教师特定的工作特点,要求教师的身体素质要全面发展,而重点应体现在有充沛的精力,清醒的头脑,良好的记忆,敏捷的思维,耳聪目明,声音洪亮等几个方面。教师的心理素质是指表现在教师身上的那些经常的、稳定的、本质的心理特征。主要包括轻松愉快的心境、昂扬振奋的精神、平静幽默的情绪、豁达开朗的心胸、坚韧不拔的毅力。

五、教师的风度仪表

教师的风度仪表是教师的德、才、体、貌等各种素质在社会交往中的综合表现所形成的独特风貌。教师是学生的表率和楷模,他的风度仪表时刻都在影响着学生,对学生的言行起着潜移默化的作用。一个优秀教师的风度仪表应包括:着装朴实整洁,举止稳重端庄,性情活泼开朗,待人热诚大方,谈吐文雅谦逊,态度善良和蔼。教师的诸种素质相互联系、相互制约,构成一个整体。如教师良好的风度仪表只有与教师高尚的道德素质和谐统一,才能发挥其应有的表率作用。否则,适得其反,"金玉其外,败絮其中",必将败坏教师的形象,降低教师的威信,所以提高教师的素质要全面发展。

第二节　数学教师的进修

现代数学教育的发展,对数学教师的素质要求越来越高,进修与提高是成为一名合格数学教师的必由之路。

一、数学教师进修与提高的必要性

1. 教师进修是教师成长规律提出的特定要求

高师毕业,只是为当教师奠定了基础。正如美国教育科学部在一份年度报告中所指出的"教师不能希望自己在学院学到的全部知识足够将来教中小学生之用"。国内外培训师资的经验一再证明:师范院校的毕业生走上工作岗位时,还不能达到完全合格的要求,新教师要有一段教学实践并通过进修才能逐步提高水平,从而符合合格教师的要求。美国教育协会在《谁是一位好教师》一书中指出:教师服务成绩评定的总趋势是曲折前进的,在教学的头几年随着教学经验的增加,教学效果显著上升。教了五六年以后,教师习惯于已有的教学程序,进步速度不像前一段那样快,有逐渐下降的现象。如不进修即使再教 20 年,也不会有很大进步,只能平平常常地应付教学,到最后阶段会出现衰退的现象。有鉴于此,世界各国均极为重视教师的继续教育。

2. 教师进修是新形势下教育改革的需要

全面推进素质教育,提高民族素质,培养具有创新精神和创造能力的高素质人才,提高教师素质是关键。"知识爆炸"是当代的一大特征,新知识相继进入课堂,教师必须不断进修才能适应这一变化。随着教育改革的深入,教育观念也不断更新,教师的任务由传授知识到发展能力的变化也向教师提出了学习新的教育理论、更新教育方法的要求。教师的继续学习是教育系统不断变革的先决条件,是影响教育改革成败的因素之一。

目前我国数学教师中,还存在不少学历不达标和非师范院校毕业的教师,就是那些师范院校出身的教师也由于新知识、新学科和新技术(如计算机)相继进入课堂而显得力不从心。为适应新形势的需要,必须重视进修。树立不断学习,终身学习的观念。

二、数学教师进修与提高的途径

1. 自学

自学要靠自己根据自身的情况确定学习目标,制定学习计划,选择学习内容并对其效果进行自我评价和分析。

2. 在职培训

在职培训有多种形式:

(1)业余进修。进师范院校或教育学院的夜大、函授班学习,或通过收看卫星电视节目进行学习。

(2)短期培训。参加教育行政部门或高等院校为教师的继续教育举办的研究班、短训班和专题讲座。

(3)以老带新。老教师带新教师是行之有效的提高师资水平的方式之一。

3. 离职培训

离职培训是指到师范院校或科研院所进行系统的学习。可以由教育行政部门推荐或报考培训。

三、数学教师进修的内容

数学教师进修的内容要根据自身的情况加以选择。非数学专业毕业的或学历不达标的教师,首先要进行学历达标学习。非师范院校毕业的教师要进行教育理论学习。师范院校或教育学院数学教育专业毕业的教师要有计划地选学大学数学、数学史、数学哲学、数学教育史、数学教育学、教育测量与评价、计算机辅助教学、现代教育技术、数学教育研究及方法等学科,不断提高自身的业务水平。

刚从大学毕业的教师,要求他们在试用期间参加培训,使其热爱教育工作,熟悉和初步掌握中学数学教材和教学方法,提高其教育教学能力,能基本胜任教育教学工作。初级职称的教师(一般指中学二、三级教师),通过专业知识的学习和教材教法的培训,提高他们的教育教学能力,能较好地胜任教育教学工作。中级职称的教师(一般指中学一级教师),通过学习,主要是更新知识,扩大知识面,提高教育理论的水平,掌握新的教学方法,使其能更好地胜任教育教学工作,并使其中部分教师能成为具有较高的专业知识和业务水平的骨干教师和学科带头人。高级职称的教师,通过研讨班等形式,学习本学科最新知识,了解最新信息,提高研究能力,总结教育教学经验,积极探讨教学改革,成为学科带头人或中学数学教育专家。

总之,每位中学数学教师都应从自己的实际出发,根据当地教育主管部门的部署,提出近期和长远的进修目标,制定自己切实可行的业务进修计划,并努力付诸实施,将不断进取,提高业务能力作为长期任务。

第三节　数学教师的科研

随着教育及教学改革的不断发展,数学教育、教学论文的撰写,对 21 世纪的中学数学教师来说显得越来越迫切与重要。这不仅是因为教育行政部门已把教师的写作水平作为衡量教师评定职称、评选先进等的重要条件,而且是因为加强教研,善于写作是教师的重要素质之一。只有提高教师的素质,教学质量才能落到实处。事实已证明,科学研究、教学研究是提高教学质量的重要途径,科研促教学,教学又影响科研。未来的教师不仅是知识的传授者,而且是知识的创造者,应成为教学、科研、学术等综合型的人才。科学研究将从根本上改变教师的职业形象,改变教师在面临复杂、棘手的实际问题时束手无策的状况,改变教师对专家学者的依赖。不再只是别人研究成果的消费者,而是研究成果的探索者、创造者、实践者。这种实践者在研究活动中角色的转换,凸现了实践者在研究过程中的主体地位,也是对教师重新理解的一种深切表达。

以下从科研的选题和写作两个方面谈谈数学教师的科研问题。

一、选题

1. 选题的意义

科研课题是依据研究目的、通过对研究对象的主客观条件进行分析而确定的研究问题。选题可以使研究目的具体化,使研究活动指向特定的对象和内容范畴,因而具有指向性、概括性和限定性等特点。选题是科研的首要环节,一个好的研究课题是研究工作成功的基础,对于整个研究过程具有十分重要的意义。

(1) 课题反映整体研究的价值

课题是教育实践和教育认识进一步发展中必须解决的问题,是已知领域和未知领域的联结点。它反映着现有实践和认识的广度与深度,又反映了向未知领域探索和前进的广度与深度。著名物理学家爱因斯坦指出:"提出一个问题比解决一个问题更重要。"他认为"解决问题也许只是一个数学上或实验上的技能而已"。而提出新的问题,却需要有创造性的想象力,而且标志着科学的真正进步。在数学教育研究中,课题同样具有重要价值。中学数学教育科研的目的是要解决中学数学教育面临的各种问题,由于这些问题对中学数学教育的价值不同,因而在教育活动中的地位和作用不同。例如,当前我国的基础教育已全面实施新课程正由应试教育向素质教育转变,这是一种教育观念、教学思想和教学模式的转变,围绕新课改,围绕素质教育选择研究课题就具有重要的理论价值和实践意义。

(2) 课题引导着研究的方向

教育实践中有许多问题需要解决,研究者总是根据自身的实践和发展的需要,从中选择某些问题进行研究。所谓研究方向,就是研究者在长期的理论与实践研究中所认定的必须着手解决的问题,并在这些方面开创自己的研究领域,形成稳定的研究目标。一个好的课题不仅可以揭示一个时期内教育实践和教育理论的发展方向,还影响着整个研究过程的方向。

(3) 课题对整个研究工作具有制约作用

课题作为教育研究的起点,制约着教育研究的进程和研究方式,不同的研究课题不仅导致不同的研究方法和研究工具,资料的搜集和利用也会存在差异。

2. 选题的原则

(1) 创新性原则

创新是研究工作的灵魂。创新性原则是指所选课题应具有新颖性、先进性和学术性，能推动某一学科或某种领域的理论与实践的发展。论文的选题应具有创新性，即文章观点要新颖，或有独到的见解，或有独特的视角，或有新颖的数据和例证。研究成果的创新，在理论上表现为新发现、新观点和新见解。观点新是创新的根本。虽然提出新的观点和新的见解需要长期的积累与思考，但新观点、新见解的出现又常常是"突发的"，因而要及时捕捉思维灵感的"火花"。

（2）科学性原则

科学性原则是指文章要符合教育学与心理学等学科的原理，调查和实验的数据统计要准确无误，能体现课题的科学价值。所谓科学价值，是指在教育科学研究中有新发现从而填补教育科学的某些空白，或者纠正前人的错误、修正他人的观点，从而促进教育科学的发展。

（3）导向性原则

数学教育论文的写作是为数学教育服务的，因而课题应该来自中学数学教育的客观需要，要从中学数学教育的实际出发，着力解决教育教学中的理论与实践问题，为中学数学教学的改革指明方向。

（4）可行性原则

论文的选题要符合作者主客观条件的实际，力戒好高骛远和贪大求全。选题时要考虑到自己的研究能力，选择那些既能发挥自己的研究专长，又是自己感兴趣和体会最深的课题进行研究。

3. 选题的策略

在众多的研究课题面前，如何选择合适的课题，这就是选题策略问题。

（1）题目宜小不宜大

对于初学论文写作的人来说，选题宜小不宜大。一方面，小的论文题目素材容易集中，层次结构也比较简单，写作就比较容易；另一方面，小的论题立意清晰，易于创新。

（2）观点宜新不宜旧

写论文必须刻意求新。选题应有创新意义，文贵在新，见人之所未见，想人之所未想，即使是旧问题也要做到"旧中见新"。

（3）取材宜熟不宜生

选题要避免自己陌生的内容。作家冰心说"不要写自己经验以外的东西"，数学教育论文的写作也是如此。

（4）论题宜重不宜轻

应选择那些具有全局意义的课题进行研究。一个重大意义的数学教育课题的解决，不仅对数学教育理论的发展有着巨大的推动力，而且可以促进数学教学改革的深入和教学质量的提高。

4. 选题的基本方法

（1）筛选问题

在实际的教育活动中，人们常常遇到数学教育的理论或实践问题。一般来说，要对这些问题经过归类整理和分析研究，确定研究的价值，在广泛听取意见的基础上，选取具有重要性且符合自己研究能力的问题作为课题。

（2）提炼经验

广大的数学教育工作者在自己的工作实践中都积累了不少的经验，把主要的经验归纳出来上升到理论高度来认识，其中必然有要解决的问题，这种问题就可以选作研究的课题。

（3）查询资料

科研资料中往往隐含着大量的科研课题。查询资料，就是分析有关资料，或者比较不同的观点，或者揭示理论与事实的差异，以便发现研究的课题。

（4）现状分析

通过对国内外数学教育现状的分析，发现存在的问题，从而选择适当的课题进行研究。

（5）转化意向

人们有时突然萌发出对某一教育问题进行研究和探索的意向，这种意向实际上是一定的教育实践或理论信息在思维中长期积累的反映。如果能紧紧抓住这种意向进行深入思考，理清其中的脉络，发现关键和疑难，就可以把这种意向转化为一个新的研究课题。

5. 课题的分类

（1）学术论文

学术类论文是教育研究成果的反映，作者通常提出问题，阐明自己的观点，然后进行多方面的理论论述。这里，论述不是空泛的议论，而是对教育教学实际有着指导和促进作用的理论阐述。

（2）实验报告

实验报告是开展某项教育专题实验的阶段性成果或终结性成果的呈现，要求既有理论分析，又有实验情况介绍和具体描述。通常首先要简述实验的基本情况,其次要阐述实验的方法、结果和结论,最后再进行分析和讨论。

(3) 调查报告

调查报告是将教育研究中就某个专题进行调查的结果呈现出来,既有原始数据或其他原始材料,又有结果分析。通常先要简述调查的目的和意义,然后对收集的材料进行分析整理,最后进行讨论和得出结论。

二、写作

1. 数学教育论文的特征

(1) 理论性。所谓理论性,是指论文要对所论事物的本质特征进行抽象和概括,并揭示研究问题的内在规律。对于数学教育论文,由于涉及范畴的不同,其科学性常有不同的表现形式。例如,对于实验报告要着重考察其是否以某种先进理论作为依据,以及实验的结果是否有定性与定量分析。又如,探讨教学方法的论文,要着重考察是纯粹的经验做法还是依据教学理论概括为规律性认识,其措施与方法对条件类似的教学对象是否具有普遍性。

(2) 新颖性。所谓新颖性,是指与同一学科领域中已发表的其他论文比较具有某种程度的新意。这种新意,可以是内容方面的,也可以是方法方面的,还可以是观点或层次方面的。例如,有关数学教学心理学的研究,目前深入到具体的数学概念、命题、思想、方法的教学心理研究还不多见,如果在这方面选择某个具体教学对象的数学学习心理作为研究课题,写出的论文就符合内容新颖的要求。

(3) 科学性。纯数学论文的科学性是指严格逻辑论证的要求,数学教育论文虽然也要遵循一般的逻辑规则进行论述,但主要不是采用逻辑推理的方式进行论证,更多的是采用思辨方式,需要广泛运用分析、综合、比较、抽象、概括等思维方法展开论述。

(4) 针对性。针对性就是要有的放矢,数学教育论文的"的"是数学教育理论与实践中需要解决的问题。

2. 数学教育论文的类型

(1) 研究报告。数学教育中的研究报告是描述数学教育研究工作的结果或进展的书面材料。研究报告有两种类型,一是实证性研究报告,即用实证方法研究和描述研究结果的报告;二是文献性研究报告,即用文献法进行研究的报告,这类报告以文献的分析、比较、综合为主要内容,并说明文献考证的过程、文献的来源与可靠程度。

（2）研究论文。数学教育中的研究论文是对某些数学教育现象进行比较系统和专门的研究探讨，提出新的观点，得出新的结论，或作出新的解释和新的论证的论文。

研究报告和论文在内容要求和表述形式上是有区别的。其一，论文比较简洁精练，突出表达一项研究工作中最重要、最精彩和最具有创造性的内容，既不包括常识性知识和一般研究过程的叙述，也不包括过多的具体材料。研究报告则不限于新的或创造性的内容，整个研究工作的过程、方法和重要环节都应当包括进去。其二，论文的论述包含推理的成分，研究报告则凭数据说话。当然，研究报告与论文之间并不存在截然划分的界线，就它们的性质和作用来说，都是科研工作结果的记录和总结。事实上，以理论分析为主的研究报告，例如有创见的调查报告、实验报告、经验总结报告等，本身就可能是一篇很好的论文。

3. 数学教育论文的结构

需要指出，根据我国近年来的规定，所有论文（包括科研报告）都要求有摘要、关键词、中图分类号等，最后还要注明参考文献。一般来说，教育科研论文的结构有以下六个部分：

（1）题目。题目是论文的窗口，是对论文内容的高度概括，论文通过它传神韵、显精神、见水平。题目应以简练、概括、明确的语句反映出论文的主要内容和研究的意义，使读者一目了然。

（2）摘要。摘要是以第三人称书写的"不加评论和补充解释，简明、确切地记述文献重要内容的短文"。摘要以 100 字左右为宜，并对应译成英文。写作时要做到文字简练和重点突出，使读者了解论文的结构和主要论点。

（3）前言。也称引言，一般要概述三个方面：提出课题，说明研究的理由和意义；交代研究的背景，提出需要论证的问题；说明论证的方法和手段。其中，明确研究的问题是前言的核心，体现着论文的基本价值。

（4）本论。即正文，是展开论题和表达作者研究成果的部分。写好本论的关键在于论证，即论述提出的论题，包括论题的提出、对解决问题的设想、论据的选用、逻辑推理过程及导出的结论等。

（5）结论。结论对正文中分析论证的问题加以综合，并概括出基本点。结论是实验结果和理论分析的逻辑发展，是课题解决的答案和论文的归宿。

（6）参考文献。参考文献在论文的末尾要列出课题研究过程中参考和引用的文献资料，由此可以反映出作者严肃的科学态度和研究的依据。

4. 撰写数学教育论文的一般步骤

撰写数学教育论文要完成几个转换：

（1）思维转换。从"经验"到"理论"，从"事件"到"事实"，从"经验总结"到"学术论文"。

（2）逻辑转换。从"发现"到"证明"，经验总结的逻辑是发现；学术论文的逻辑是证明（从结论观点出发，论证观点）。

（3）视野转换。从"特殊"到"普遍"，文献综述，确保研究问题的普遍性；观点的抽象程度（理论的解释力）；证据的多样性、客观性（科学性）、关联性与合法性。

（4）语言转换。从"口语"到"书面"，从"普通"到"专业"；内容先于表达，理定而后辞畅；书面语言与专业语言的运用。

撰写数学教育论文与撰写其他论文的过程是相似的，一般要经过前期准备、撰写初稿和修改等三个阶段。

（1）准备阶段

收集文献资料和其他素材。撰写论文一般离不开查阅和收集有关文献资料，有时还必须收集、整理和加工有关的统计数据和某些原始材料。其目的在于了解本领域别人已经做过哪些研究工作，研究过的课题已进展到什么程度，还存在哪些问题尚待研究。

（2）撰写阶段

当论文题目确定和资料准备之后就进入撰写阶段，这一阶段的任务是完成论文写作。具体程序包括构思、拟定写作提纲、撰写初稿等阶段。首先要进行构思，即对文章的内容和结构进行思考，无论层次与段落的安排，层次间的过渡，开头结尾的呼应，还是文章的高潮放在何处等都需要作出设计；然后拟订写作提纲，内容包括题目、基本论点和论据材料等。在写作提纲的基础上开始写作，形成初稿。

（3）修改定稿

初稿一般还不完善，需要进一步作出修改。俗话说不改不成文，好文章是改出来的，因而要重视修改工作。修改主要是对文章的内容和结构的加工，然后考虑对语言文字进行润色。论文完成后一般要做"冷处理"，即放置一段时间。因为经过一段时间的思考后往往会发现新的问题，请别人提提意见，也有助于文章的进一步深化。在冷处理阶段主要思考文章的观点是否正确，论据是否充分等，最后再修改定稿。

教育研究与教师专业发展相辅相成、相得益彰,要突出三个意识:学习的意识——自觉学习,不断成长,做"一眼泉"。反思的意识——即时反思,深刻反思,做"行思者"。问题的意识——发现问题,探究实质,做"研究者"。教师专业发展没有秘诀,没有捷径,贵在自觉,重在行动,悟在反思,精在研究。

思考题

1. 一名合格的中学数学教师合理的知识结构应包括哪几个方面? 数学教师的能力素质主要包括哪些方面?

2. 你认为数学教师在做好日常教学工作的同时为什么还要进行教育研究?

3. 数学教育研究选题原则、策略、方法有哪些? 论文可分几种类型?

4. 数学教育论文的结构和撰写步骤如何? 你认为撰写数学教育论文要完成哪几个方面的转换?

参 考 文 献

[1] 张景中.数学与哲学——张景中院士献给数学爱好者的礼物[M].北京:中国少年儿童出版社,2003.

[2] 周述岐.数学思想与数学哲学[M].北京:中国人民出版社,1993.

[3] 涂荣豹.数学教学认识论[M].南京:南京师范大学出版社,2003.

[4] 黄翔.数学教育的价值[M].北京:高等教育出版社,2004.

[5] 张顺燕.数学与文化——在北大数学文化节上的报告[J].数学通报,2001,40(1):1—3.

[6] 张楚廷.数学方法论[M].长沙:湖南科学技术出版社,1989.

[7] 刘兼.21世纪中国数学教育展望(2)[M].北京:北京师范大学出版社,1995.

[8] 季素月.数学教学概论[M].南京:东南大学出版社,2000.

[9] 严士健,张奠宙,王尚志.普通高中数学课程标准(实验)解读[M].南京:江苏教育出版社,2004.

[10] 21世纪中国数学教育展望课题组.21世纪中国数学教育展望(1)[M].北京:北京师范大学出版社,1993.

[11] 涂荣豹,季素月.数学课程与教学论新编[M].南京:江苏教育出版社,2007.

[12] 李忠海.数学教师学[M].沈阳:辽宁科学技术出版社,1993.

[13] 李求来.初中数学课堂教学研究[M].长沙:湖南师范大学出版社,1999.

[14] 章士藻.中学数学教育学[M].北京:高等教育出版社,2007.

[15] 《名师授课录》(中学数学)编委会.名师授课录(中学数学)·初中版[M].上海:上海教育出版社,1992.

[16] 涂荣豹,王光明,宁连华.新编数学教学论[M].上海:华东师范大学出版社,2006.

[17] 李永新,曾峥.中学数学教材教法[M].第2版.长春:东北师范大学出版社,2002.

[18] 安明道.逻辑知识初步[J].中学数学,1986(4):5—7.

[19] 安明道.逻辑知识初步(续一)[J].中学数学,1986(5):36—39.

[20] 安明道.逻辑知识初步(续二)[J].中学数学,1986(6):11—14.

[21] 安明道.逻辑知识初步(续完)[J].中学数学,1986(7):16—18.

[22] 教育部基础教育课程教材专家工作委员会.义务教育数学课程标准(2011年版)解读[M].北京:北京师范大学出版社,2015.

[23] 顾沛.数学基础教育中的"双基"如何发展为"四基"[J].数学教育学报,2012.2.

[24] 黄翔.数学课程标准中的十个核心概念[J].数学教育学报,2012.8.

[25] 曹一鸣.义务教育课程改革及其争鸣问题[J].数学通报,2005.3.

[26] 刘耀斌.关于数学教学论教材建设的思考[J].数学教育学报,2009,18(6):81—81.